猴面包树

[韩]金恩住 著

李桂花 桑艺 译

생각이 너무 많은 서른 살에게

做一只逃离孤岛的蛙

中央编译出版社

图书在版编目 (CIP) 数据

做一只逃离孤岛的蛙 /（韩）金恩住著；李桂花，桑艺译 . —— 北京：中央编译出版社，2023.3
ISBN 978-7-5117-4324-4

Ⅰ.①做… Ⅱ.①金… ②李… ③桑… Ⅲ.①成功心理—通俗读物 Ⅳ.① B848.4-49

中国版本图书馆 CIP 数据核字 (2022) 第 244190 号

생각이 너무 많은 서른 살에게
Copyright©2021 김은주 (Kim Eun-Joo). All Rights Reserved.
Published in agreement with Maven Publishing House c/o Danny Hong Agency, through Grayhawk Agency Ltd.

图字号：01-2022-6316

做一只逃离孤岛的蛙

责任编辑	张　科　孙百迎
责任印制	刘　慧
出版发行	中央编译出版社
地　　址	北京市海淀区北四环西路 69 号（100080）
电　　话	（010）55627391（总编室）　（010）55627362（编辑室） （010）55627320（发行部）　（010）55627377（新技术部）
经　　销	全国新华书店
印　　刷	北京盛通印刷股份有限公司
开　　本	880 毫米 ×1230 毫米　1/32
字　　数	129 千字
印　　张	8.75
版　　次	2023 年 3 月第 1 版
印　　次	2023 年 3 月第 1 次印刷
定　　价	58.00 元

新浪微博：@中央编译出版社　　　微　信：中央编译出版社（ID：cctphome）
淘宝店铺：中央编译出版社直销店（http://shop108367160.taobao.com）（010）55627331
本社常年法律顾问：北京市吴栾赵阎律师事务所律师　闫军　梁勤
凡有印装质量问题，本社负责调换，电话：（010）55626985

能够认清我来自哪里，

我属于哪里，

这一点非常重要，

但更重要的是，认清我是谁，

我是怎样出生的，

以及我将怎样生活，

并接受这一切。

序 言

> 30岁的年纪，有着太多纷杂的思绪，
> 生命的意义在于发现自我才能，
> 而生命的目的在于
> 用这些才能去让他人的生活更加美好。
>
> ——（西）巴勃罗·毕加索

  人们常说不要做井底之蛙，于是开始憧憬外面的世界，同时又为自己不能脱离这个"井底世界"而感到郁闷、难受和不安。我也是如此。我从小到大一直都有强迫症，告诉自己千万不要做井底之蛙。于是在27岁那年，我辞去了还算不错的工作，离开韩国到了美国。是的，我要去更广阔的世界看看。

  人到了27岁这个年纪，大多已经有了能给自己贴金的筹码，比如从哪所大学毕业，在哪个公司上班……甚至所住的小区都会成为标榜自己身份的工具。而我的人生在27岁那年被清零：曾经包装我的那些履历，在美国分文不值。而且，我的英语也没有流利到能华丽地向别人炫耀自己资历的程度。所以在美国迎来的30岁，纯粹是一段凭着一股早已殆尽的自信心死撑的时期。

"英语盲"在美国的生活，远比想象的艰难、残酷。每天紧张、焦虑10多个小时后回到家，我就像沙袋一样瘫软下来，日复一日。那时，唯一的发泄方法就是拖着疲惫的躯体，去追韩剧、去见韩国朋友，向他们发牢骚，寻找内心的安定。随着时间的流逝，我就职新公司，逐渐稳定下来，也有了点小积蓄，不再为生存如履薄冰。但我的生活圈相比在韩国时却小了许多。我离开韩国是为了不做井底之蛙，却把自己困在了浩瀚大海中某个小岛上的一口井里，活动范围比以前更为狭窄。我为自己感到失望和无语，恨自己为什么不能成为一只适应大海汹涌浪花的海蛙。

后来，我发现周围的其他"小井中的蛙"，他们都因和我差不多的理由来到这片海域，有的甚至有着与我相似的烦恼和思维模式。我好像突然明白了，可能问题并不在于井底之蛙，而是青蛙在井底选择了不开心的生活。其实无论是水井还是大海，只要自己过得开心就可以，也不必丢失自我，一定要成为海蛙，或者伪装过着海蛙一样的生活，就按照自己原本的样子，幸福活着就好。如果做到了这一点，那么无论我在哪里，都不会因为环境觉得不幸。

2018年进入谷歌后，我深陷"冒名顶替综合征"（Impostor Syndrome）[1]的折磨，我的状态一落千丈。全球顶尖精英云集在这

---

1 认为自己一无是处，变得毫无意志、焦虑的心理现象。——译者注

里,和他们相比,我太过于渺小。这种想法每天如同蠕虫一样啃噬着我。我这半壶水肯定很快会被大家识破,到时候就糗大了,会被狼狈地撵走……这种心理负担和恐惧让我每晚辗转反侧。硬撑了一年之后,我开始接受心理咨询师的治疗,也把之前搁置了一段时间的写作与英语重拾起来,渐渐恢复了信心。

2020年谷歌即将进入下半年业绩评估时,我写了一封邮件群发至公司全员信箱,主要讲的是我们每个人都弥足珍贵且不可替代,还附加了一篇关于井底之蛙的小文章,想以此强调,业务能力或评估不能成为衡量一个人价值的筹码。我想将这些故事和感悟,分享给那些与我有着相似痛苦经历、独自在折磨中度过艰难时刻的人,尽我的全力去帮助他们。

其实我们扔出一颗石子时,是不会想到它可能产生多大涟漪的。邮件带来了意想不到的反响,被迅速转发给其他集团,并且有更多的人纷纷出面表示,自己也是这样的青蛙。这让我深切地感悟到,大家看着无比聪颖、睿智和光鲜,而事实上都在揣着和我一样的痛苦,悄无声息地痛着、隐忍着和治愈着,默默地和世界对抗。

有人说这篇文章让人泪目,有人说带给了他前所未有的慰藉。

我们相互分享着自己的伤疤,彼此传递着勇气和力量。当我小心翼翼地敞开心扉时,身边的同事一个个也开始打开自己的心窗。大家就这样以真心照应着真心，互相安慰、互为力量。

没想到这微不足道的文字却能给别人带来慰藉和帮助，这次的经验给了我莫大的勇气。我通过演讲、社交网络服务（Social Networking Service，SNS）等方式与他人交流，并且分享了过去25年来我的失败和成功经历。我一边梳理着内心的思绪，一边开始写作。在这本书中，我罗列了10次跳槽经历，在跨国公司工作收获的人生经验，以及在讲座中听众发来的一些具有代表性的提问。

我们远比自己想象的准备充分。

人到了30岁这个年纪，突然开始有了太多想法。经历一次次失败和一次次失望后，开始怀疑：这条路是不是适合自己？自己会不会起步太晚了？总觉得自己一无是处，做什么都很差劲。觉得未来有太多的不确定因素，在这个世界上生活变得越来越难，甚至觉得全世界都在前进、发展和提升，只有自己在后退和落后。我也有过这样的心理焦虑：手上没钱，又没靠山，纯粹靠一己之力硬打硬拼，这样的生活让我筋疲力尽，于是累到极点就会想要放弃，想着回到过去；也常常因为对自己的不自信、质疑自己的能力而失眠到天亮；学了10多年的英语，依然有"英语恐惧症"，无法挑战跨国公司……这些困扰和烦恼，是不是你也有过？如果你和我一样彷徨和焦虑过，那么希望我的这本书能给你一些启发与勇气。

　　来到美国10年，我第一次尝试用英语记录与工作无关的所思所想，就是前面提到的关于井底之蛙的那篇文章。之所以进程这么缓慢，是因为我首先要面对不够完美的自己，而我对此有着恐惧和内心障碍。那篇关于井底之蛙的文章写完后上传到网上，前后跨越了整整10年，这是因为我害怕向世界展现不完美的自己。我只想做一件事，就是做得更好。所以那篇文章被群发到公司全员的谷歌信箱，又是6个月之后的事情，这次依然是因为恐惧。在一个汇聚全球精英的大公司，我用蹩脚的英语写的文章，在他们眼里该有多么幼稚和不完美。万幸的是，每当我在这种路口彷徨踟蹰时，都会有人轻轻拍我的肩膀并把我轻轻向前推一步，他们就是我的英语老师、心理咨询师、谷歌的朋友们……

　　其实很多时候，在很多事情上，我们远比自己想象的准备得更加充分和全面。或者说，有太多的事情根本不像我们想象的那样复杂，需要事先做那么多的准备工作。我们真正需要的不是万无一失的准备，而是能够在自己犹豫不决的时候推一把的朋友，以及在关键时刻敢于果断扣动扳机的勇气。

　　在撰写这本书的过程中，写过的书稿读了又读，反复做了多次修改，但我总觉得很不满意。我希望它能更为凝练、更有深度，其中蕴含的意义也更耐人寻味。但我决定丢开这些包袱,其实我们回顾往事时总会发现这样或那样的不满与遗憾。我也决定放下执念,对过往不再纠结,把更多的精力和关注点放在当前和未来。尽管文字笨拙且不完美,但我收到了很多读者朋友的真诚反馈。有的读者说读完我的文字深感慰藉,也有一些读者说书中的内容给了他们切实有用的启发,让他顺利步入职场,这些消息无疑给了我莫大的鼓舞。对我而言,这些足以验证这本书的意义。

今天的我不可能十分完美,昨天的我作为今天的我的过去式可能更加狼狈和不堪,一周前的我、一年前的我也是如此。但正是那些不够完美的我,在生活了一天、一个星期、一年又一年之后,为我带来了更为成熟和丰富的自我。

是的,或许真的是那样,今天的我和昨天的我并没有太大区别,但希望不要因为这样我们就活在昨天迈不出来,也不要因为尚未做好迎接明天的准备而拒绝面对明天,能够活好每一个今天就好。

也许我今天用尽全力奔跑在烈日下、风雨中,却换不来想要的掌声与鲜花。正是这些平淡无奇的一天天积累起来,1年、10年……最终铸就了今天的我。时间女神从来都是公平的,给谁的都是一样的时间。多么希望我们能不争不抢,从容一些、自信一些，走过每一天。或许昨天是糟糕透顶的一天，前天是偏离自我的一天，大前天是恨不得放弃一切撒手不管的一天……但在这条路上始终不离不弃的，只有自己。

如果我们过好了30岁之后的每一天，那么10年后你会迎来内心更为强大而优雅的自我，那是岁月馈赠的礼物。命运之球如果只是被紧紧地攥在手中，那么什么也不会发生，什么也不会改变。我们不妨把它抛出去，方向可以是东，也可以是西。这个球在撞击前方的某个物体后，会重新弹回我们的身边。我们并不知晓自己真正喜欢什么、擅长什么，能坚持多久。也正因为未来不确定，所以才值得我们放手一搏，去挑战喜欢的事情、讨厌的事情、不可能的事情，这样就会验证自己是怎样的人。把外面包装的那层皮脱掉，去换装、去尝试、去选择、去否定、去排除……你会看到什么才是自己。

也许你有很多的梦想和计划，却犹豫不决，还差能让你起跑的枪声作为信号。但愿我的书能对你有所帮助，让你再勇敢一些、果断一些。希望这本书成为给每一个正在经历30岁[1]的朋友的礼物。为你每一天的努力，加油！为我们的30岁，加油！

---

[1] 书中的"30岁"代指30—40岁阶段。——编者注

Contents
目　录

Chapter 1

总觉得与社会脱节，总觉得焦虑不安
如何让自己远离消极情绪

22　　待办事情一大堆，偏偏进入瓶颈期
26　　这个世界谁不累，谁不难？
30　　别气馁！没什么大不了！
32　　如何练就强大的心脏？
37　　增强精神肌力的 3 个运动
43　　如何让自己摆脱毒鸡汤？
46　　新生命的到来
50　　初为人母的感受
52　　丈夫勾勒的母亲形象和我勾勒的父亲形象
53　　摆脱负面情绪的 7 种方法
57　　不想失败等于不肯挑战
65　　及时止损是一种勇气
67　　哭改变不了任何事，尽管如此……

Chapter 2

计划制订得华丽丽，行动落实得惨兮兮
改变人生的一句咒语："行就行，不行也没什么。"

- 72　顾虑宜少，行动宜快
- 74　克服恐惧心理的 7 个方法
- 80　如果还不确定究竟要做什么……
- 84　一次成功不如百次失败
- 87　我是如何找到喜欢的工作的
- 91　一旦开了头，总会有办法可以好好收尾
- 94　机会总在尚未准备好时突然来访
- 99　英语成绩一团糟却敢申请美国名牌研究生院
- 103　30 岁，心有多大，舞台就有多大

Chapter 3

想做得更好但又觉得一筹莫展的时候
与世界顶级天才们共事学会的工作智慧

110　企业员工需要的最高能力是什么？

115　相比大数据，去培养更为强大的直觉能力

121　想要获得认可应具备的条件

127　如何在 330 万封履历中脱颖而出？

129　如果你问我是否打过本垒打

131　我在三星电子提议开发智能手机的原因

135　初来乍到，谷歌给我的 5 个文化冲击

141　谷歌天才的工作方法

144　一个好领队的必备素质

149　《美食总动员》教你发现新技能

Chapter 4

如何度过无怨无悔的 30 岁
慢一点没关系，始终做自己

- 158 　不属于我的不去勉强
- 162 　每天记录 3 个教训
- 166 　目标不是第一，而是坚持跑完
- 172 　由衷祝福他人的成功
- 174 　数字是生硬的，人是温情的
- 178 　不要随意判断他人
- 181 　无畏无惧，由心而行

Chapter 5

英语放弃者如何"起死回生"
当我醒悟有些东西远比英语能力更重要时

188　英语差？没必要沮丧
193　克服英语恐惧症的特殊学习法
200　谁都可以尝试的英语学习方法
209　说英语就是靠自信和内容
213　越深入学习英语，越能感受到母语的博大精深

Chapter 6

5年后的我
为了过理想的生活,现在需要做哪些准备?

222　一张图表改变人生

226　比理财更重要的职场原则

239　我对"找工作是否需要读研究生"这个问题的回答

243　为什么企业更愿意聘用工作态度好的人,而非工作能力强的人?

248　赢得面试官青睐的面试技巧

254　如何获得消费者的青睐?

266　打造只属于自己的故事

273　**附录** | 30岁最常见的10个问题

我知道，这个世界累的不止我一个，

仅仅是领悟到这一点，

对我们来说已经是莫大的慰藉了，

所以，让我们砥砺前行。

Chapter 1

总觉得与社会脱节，总觉得焦虑不安

如何让自己远离消极情绪

待办事情一大堆，偏偏进入瓶颈期

职场新人适应新环境时总是有诸多难题。不仅要构建全新的人际关系，还要迅速洞察公司结构和沿革，了解部门项目的进程……从职场小白到在职场占有一席之地，做出一番业绩，需要相当多的努力和漫长的历程，通常需要6个月左右的时间。入职谷歌6个月时，面对职场的各种业务，我仍会感到措手不及。

在我看来，全球的精英聚集在此，仿佛只有我是凭运气进来的。如果论实力，我肯定不配坐在这里。是的，这种想法时不时地充斥着我的大脑。每每这时，我就害怕露怯，能做的就是在公司的洗手间躲避焦虑，或者把车停靠在停车场，将自己与世界隔绝。

谷歌就像一个贩卖各种梦境的地方。每天谈论的话题大多是：

当前要解决什么课题？为什么必须这么做？这种尝试将会给世界带来什么改变？大多是"高大上"的课题，但也很抽象和模糊。在这里，为软件添加一个小功能都要从哲学范畴剖析和赋予含义，也会提出各种关于解释和尝试如何实现人机对话的方式。每当看到同事们在谷歌意气风发、大展拳脚时，我便自惭形秽，觉得自己跟这里格格不入，甚至感到恐惧。

真正使我痛苦的有两点：明明每个细胞都能感受到自己身处的高压竞争环境，却像一个麻木的无心人一样，无法调动自己的积极性，也无法做到全力以赴；而我又清醒地明白这一点无法逃避，因此对自己感到厌恶至极。

我知道当前问题的严重性。明明顶着巨大的压力，却浑浑噩噩，常常靠暴饮暴食缓解，工作上表现出严重的拖延症，时间都用来上网。对于这样的自己，我也感到厌恶至极。由于拖延症，每当临近交工时才狼狈地草草了事、敷衍交差，这就注定了业务质量下滑……整个人陷入恶性循环的深渊而无法自拔。在这恶性循环的怪圈里，我泥足深陷，无法摆脱。这种状态持续了差不多一年。直到有一天，一位朋友建议我去咨询一下心理医生。我曾经给自己的时限也是一年，所以当这种焦虑状态持续快一年时，我决定想办法结束了。于是，我抱着寻求救命稻草的心情，当天就预约了一位心理医生。

一开始，我还抱着可笑的侥幸心理，努力伪装自己，生怕自己被眼前的专家一窥到底。记得那天我谈到自己并没有那么不堪，完全有能力做得比现在好许多，只不过自控力太差，做事不够全力以赴，这种状态让我厌烦自己，继而怠慢、虐待自己。

我的心理医生一直沉默着听我诉说，适时地点点头。

我问他："怎样才能让自己重新鼓足干劲，变得动力十足？"

"你要知道，你的身体其实一直在全力以赴。因为太疲惫，需要糖分和高热量食物来维持身体机能。这也是为了生存。同样，你的内心在渴求一份栖息地，所以你会依赖网络。上网会让你感到内心回归平静，得到慰藉，因为你的内心也渴望生存下去。这样看来，现在的你每时每刻都在努力，你应该对自己宽容一些。"

我的眼泪瞬间落了下来。

"我以为自己陷入绝望，变得懒惰、松懈、逃避，变得不够努力……所以讨厌这样的自己、怪罪这样的自己，而我从没想过在自己抱怨和嫌弃时，我的身体正在做死死的抵抗，依然在抗争，依然在全力以赴……包括我的心。它们都在为了存活下去做着顽强的努力。在我忽略和怠慢自己的这一年，我的身体和内心在做着无声的挣扎，拼命地抗争着，它们一直在期待着我能够重新发现它们……"

一直禁锢着我的负罪感和自虐、自嘲的情绪突然缓解了许多。有个声音告诉我，不能再放任自己，更不能虐待自己。

我按照心理医生留的作业，开始做笔记。首先，把当天的待办事项记录下来，哪怕是很琐碎的事情。每当完成一件时，就夸夸自己。其次，把脑子里随时浮现的想法，都记录到本子上。

从那天开始，不论多细，我都会把所做的事情记录到"待办清单"上。之前是有意逃避该做的事情，于是不安的感觉挥之不去；而现在仅仅是正视它们，把它们记录到待办清单上，就能消除我的不安心理。从安排会议时间、发送邮件等简单的琐碎事务开始处理。很多时候，我发现完成清单上的两件事务时，就会新增3件待办工作。但由于进程一目了然，所以不会再因为茫然而心生不安，压力也就减少许多。

在处理琐碎事务的过程中，我重新对不安和压力的根源进行了深层思考。我当前所感受到的文化冲击和工作压力，究竟是因为这里是硅谷，原本压力就很大，还是我根本不适合谷歌，抑或是我所在的工作团队存在问题，等等。经过一番分析，问题就变得清晰许多，于是我决定换个部门。庆幸的是立刻就实现了。想要适应谷歌的梦境贩卖企业文化，必须加强英语学习。于是，我开始朗读英语原文，每天拿出一小时的时间朗读英文读物。坚持了6个月，我的英语表达水平明显提高了，我自然也就恢复了信心。

如今，我也成了一名资深的谷歌人，在同事中间开始有了一定的威信，成了一名小有影响力的网红。有同事表示想与我共事。此外，特意找我咨询职场规划的年轻同事也多了起来。我所在的设计部门有600多名员工，而我有幸于2020年底获得了"年度设计师奖"。

回首过去25年的职场生涯，一路坎坷。在谷歌打拼的这些年，漫长而昏暗，痛苦且难熬。我听说甲壳动物为了蜕变和成长，必须蜕掉身上的甲壳，度过毫无硬壳保护的蜕皮期。不经历这个裸露过程，就无法拥有更大的甲壳。所有的成长，都要经历这种痛苦。

容器有了更大的容纳空间，剩下要做的就是把它填满。

| 这个世界谁不累，谁不难？

当初踏上留学美国之路，为的就是不要做"井底之蛙"。没想到时间越久，我的生活半径反而越小，犹如在井底一样。韩国教会、韩剧、韩餐、韩国朋友……来到这里之后，生活中依然是这些内容围绕着我。既然这样，何必那么辛苦地来到遥远的异国他乡？我陷入了挫败感和自责当中。尤其是当我在公司因蹩脚的英语备受煎熬，或者妈妈打来越洋电话时，我都会痛苦地问自己："我这番折腾，到底是为了什么？"就连小小的植物，为它换盆移栽都会经历一番疼痛，更何况是作为社会动物的人，离开自己熟悉的环境去融入一个全新的环境，谈何容易？回去，这就卷铺盖回老家去！

就这样重复着自我怀疑、自我放弃、自我安慰、自我鼓励……当时间过了10多年时，我恍然大悟——呵，井底之蛙，有什么不好？

在我们打拼的过程中，忌讳的并不是做井底之蛙，而是在井底生活的"悲惨"事实。如果能在井底生活得幸福，就不存在什么问题了。如果在井底过得不幸福，那就跳出井底，幸福生活也可以。如果讨厌青蛙本身，就不要去做青蛙。但是改变出身，似乎不大可能。唯有早一些认清现实，向前看，才是对身心健康有益的事情。幸福源于自我，做只青蛙，有什么不好？

"井底之蛙"，大家都不陌生，常用来比喻那些身处狭小、孤立的世界，却自以为这便是全部世界的人。这个成语，我从小听到大，再熟悉不过了。

"别做井底之蛙，要怀抱远大梦想，挑战宇宙万事。"

我常常被这句话刺激。这也是我决定赴美留学的一个原因——不做井底之蛙，去闯荡更为广袤的大海。

你看，大海真的浩瀚无边，海水齁咸、波涛汹涌。当我来到这片汪洋时，每一秒都不得不为了生存而挣扎：如何在变幻莫测的深海中游泳？如何捕食？如何与海龟对话？如何和各种鱼儿友好相处？处境越是艰难，我就越努力，努力让自己成为一条鲸。就这样不停地打拼几年后，我竟然发现了一座小岛。是的，我太需要一个歇脚的栖息地了。

小岛上的一切安逸而且舒适。有着清澈的海水，也有友好亲切的青蛙伙伴们。虽然每次出海依然要为生存而挣扎，但至少现在多了一个可以栖息的小岛。

随着时间的流逝，我再次感到与世隔绝的孤独，感觉自己被困在这里。啊，这不是我所向往的海上生活。远在故乡的井底之蛙——在这些伙伴们看来，我是只了不起的青蛙。在他们眼里，我在海中游弋，和海龟笑谈，简直让他们目瞪口呆。

他们甚至羡慕我在海上的生活。尽管我也有一座小岛可以休憩和躲避风浪，但是对那些井底之蛙而言，这座岛太远、太渺小，小到看不见。

我是谁？为什么要在这里？我开始恍惚地问自己。当初我是因为不想做井底之蛙才背井离乡、千里迢迢来到这里，在四周都是海的小岛上生活。然而，这种生活并不幸福，我甚至对自己感到恼火。时间过了这么久，我还是老样子，没有任何改变。

若干年后，我了解到不远处还有其他的小岛，甚至不止一个，还有很多很多。于是我到附近的小岛，和岛上的主人成为朋友。我醒悟到，我不是独自一人，顿悟到最重要的一点，一个被自己遗忘了的核心事实——我是一只青蛙。在过去很长的时间里，我只纠结于自己在哪里，是在井底、在汪洋中，还是在孤岛上，而且竭尽全力地想要把自己变为"海底之蛙"或者其他全新的某种存在。但我忘了，自己生来便是一只青蛙，身为青蛙在这个世上生活，不是错！

就是从那一刻开始，一切已发生改变。我不再折磨自己，懂得了自己是一只多么机智、勇敢、美丽的青蛙。只要我愿意就可以在海里畅游，如果不喜欢游泳便可以乘船荡漾；当我需要帮助时，我还可以无所顾忌地同海上的伙伴们搭话，至于他们是否能听懂，这不重要。

在海上生存，向来都是冒险。在海中藐视我这等渺小青蛙的大有人在，但我并不是很在乎那些。而且随着时间的流逝，我了解到他们也同样来自水井。我很明白一点，就是我所在的小岛变得越来越结实、越来越宽广、越来越高大了。

能够认清自己来自哪里、属于哪里，这一点非常重要，但更为重要的是认清自己是谁,是怎样出生的,以及将怎样生活,并接受这一切。

我是金恩住,一只幸福的青蛙!

谷歌的业绩评估体系以刁钻苛刻著称。首先,要为自己的辉煌业绩写一份华丽的评估书,再指定6—7名同事(战略性)为自己做评估。每一个晋升职员(在谷歌,晋职都是"自助式"的:自己洞察晋升时机、拟定晋职书函、制定战略方案)为了证明自己资历深厚,需要付出百倍的努力和时间。

其次,就是更为激烈的角逐了。经理们开个碰头会进行调整,双方围绕为什么A应该是这个分数、为什么B的资格不够等问题展开唇枪舌剑。在历时2个月的漫长过程中,每个参与者都有莫大的心理压力,倘若是对英语和西方文化尚不熟悉的外国员工,更是苦不堪言。这种企业文化对性格内向或者不擅长将业绩数据化的人来说,也是"水土不服"。原本心思敏捷的设计师,在历经这个过程后,大多变得萎靡、垂头丧气,自尊心锐减。

2020年,在收到开始新一轮评估程序的邮件通知后,我不由想起2019年第一次进行业绩评估时所受的打击。

于是,我将笔墨用来侧重描写个人价值。我写道:"在披荆斩棘的职场道路上,我们并不是只求成果的工厂机器,而是有血有肉的人。一份评估书,不足以承载一个人的全部价值,评估也不能代表全部的'我'。"一封以"井底之蛙"为题的文章被共享在谷歌设计师大群里,意外的事情发生了:一封信使得很多原本在黑暗里的"井底之蛙"浮出水面。那封邮件被更多的群分享，我也收到了无数封表示认同的邮件并予以回复。有些邮件写的是发件人的亲身经历，也有一些职员在邮件中表示想要一对一面谈。我只不过是在阐明过去的岁月里自己孤军奋战的艰辛，并表明"做一只青蛙"也可以过得很好，没想到导致更多的青蛙从不同的地方冒出来。

啊，原来我不是一个人啊！也不是只有我一个人在这条泥泞的路上拼命跋涉。当我认识到并不是独自一人这么辛苦时，我获得了莫大的慰藉。你不孤单，我们一起加油！

别气馁！没什么大不了！

2000年初，韩国出版了一本书，一经上市就畅销百万，一度在韩国掀起"赞美热潮"，这就是肯·布兰佳（Ken Blanchard）的《鲸鱼哲学》（*Whale Done!*）。韩国人向来吝啬赞美他人，所以这股赞美风潮，倒像是对这种行为的净化。其实这种赞美风，我觉得很别扭。并没有谁问过鲸为什么一定要跳舞，也没有谁问过跳舞的鲸是否幸福。大家只是专注于让鲸跳舞，而且为自己能够让鲸跳舞倍感自豪，这种沾沾自喜的样子让我很不舒服。而这股风潮变本加厉，由原先单纯地推崇赞美，延伸到这种赞美应该是怎样的内容，而且关于赞美技巧的讲座和理论如雨后春笋不断涌现。这一切在我看来很像是卖香油的商贩，千方百计地多榨一滴油。"我这都是为你好！"这句话的背后隐藏着言语者的贪婪和不怀好意，令人不爽。

近年来，由于韩国经济低迷、失业率剧增，市面上出现了很多"鸡汤类的图书"，生活向年轻人传递着一个信息——"没关系"。新冠肺炎疫情像个不速之客突然来访，让全球蒙上一层抑郁的阴影，这时相比赞美，一句安慰的话似乎更加暖心。

一天跟上中学的女儿一起散步，我好奇地问道："如果考试考砸了，或者跟同学产生矛盾闹翻了，这时有人走过来跟你说'啊，没关系，别放心上'，你会怎么样？"

"走开！拜托，离远点！"女儿脱口而出，想都没想。

"为什么？"我问。

"明明有关系，却让我当作没关系，总感觉我得配合这个人的话，然后不介意这件事情。这就很讨厌啊。"

仔细想想，好像换了我也会是这种心情。是不是真的没关系，只有我这个当事人最清楚，所以要是有人对我说："没关系，别介意！"我就好像不被理解一样，反而陷入更糟糕的沼泽当中。

2020年11月，我应邀参加西雅图韩国人IT专家协会"创发"会议。我为即将就业的韩国籍年轻人做了一场职业专场讲座，收尾词是："各位，千万别泄气！"

没想到这句话成为那场讲座中最为重要的一句话，引起大家的共鸣。很多在场听讲座的参会人，都向我表达谢意，称这场讲座给了他勇气，他一定不会气馁。

仔细一想，在这个时代，我们需要的可能不是"没关系"，而是"别泄气"。因为毕竟当前大家面临的不能说是让人真的不介意的"没关系"状况，也确实无法不介意。比如新冠肺炎疫情这场前所未有的灾难，可能还会持续折磨人类一段时间。这是既定事实，没有人可以逃离和不介意。

在我们所面临的千万种情况中，让人心生恐惧的大致是两种情况：一种是无法预测事情的后果，另一种是可预测的结果中，有威胁生命的糟糕情形。但是在职场上，那些业务和尝试不至于威胁生命，比如在网上发布我的创意、由零关注开始做社交平台、向100家公司投递简历、随机联系甲乙丙等。这些尝试中，并没有危及生命安全的事情。而且，在面对面交流堪称奢侈的当今社会，就算因为这些尝试冒犯到谁，或者达不到预期的效果，我也不至于被人家当面"怼"得脸烫。

相信你去过水上乐园，每当波涛汹涌来袭时，身体随着波浪的起伏而浮动，这需要技巧。如果因为害怕而手忙脚乱，就会在仓皇之间呛很多水，被波浪冲到岸边。新冠肺炎疫情在整个社会掀起汹涌波澜：有的企业破产、员工被解雇……各种坏消息络绎不绝。整个就业市场进入冰冻期，经济下行，而且未来将持续相当长的一段时间。我们必须打起精神，做个赶浪人，冲过眼前这个大浪。大家无一例外，前所未有地陷入低谷期，必须一起冲过这个大浪。

别气馁！没什么大不了！

| 如何练就强大的心脏？

"痛并快乐着"，我认为这是在职场长寿的秘诀。天才比不过

努力派,努力派比不过"发烧友"。怎样才能在职场确保工作快乐又长久呢?想要从工作中体会到乐趣,首先要找一份符合自己气质和喜好的工作;其次,想要在职场打拼得久一些,就要依靠自我存在感,打造强悍的心。

员工在面试或在公司内部进行业务陈述时,总会有一些人很不自信,每次看到他们,我就很着急。我认为这些人之所以会不自信,大多是因为对自己从事的工作没有热情。自己都不够热爱,想要说服他人肯定是不可能的啊!

力求改变,必须首先认清当前的问题,再分析自己想要实现的目标和使用的实践方法。由于自我存在感属于精神领域,所以想要做到这三点都有难度。如果目标是减肥,那么问题变得简单许多,获取相关信息的渠道广泛,实践就可以了。学英语同样是目标清晰、方法千万种的事情,只要投入时间和精力就可以实现。一旦涉及内心的问题,识别当前的自我状态并不是简单的事情。意识不到问题所在,自然不可能萌发改变当前状态的动机。于是,我们就会一如既往地陷入低迷状态,被蒙在鼓里迷茫不定。

整理始于分类。房屋整理、材料整理、习惯整理,都可以按照保留、丢弃、避免这三个方面进行分类,我们的情绪也可以按照这种方式加强练习,使其逐渐习惯化。

— 情绪分类收纳 —

需保留的:自我认可与赞美、积极的想法

自我存在感不高的人在听到他人表扬时,往往表现出钻牛角

尖的思维惯性。

"不会吧？"（否定式）

明明听到了一句由衷的表扬却不能正面接受，将它轻易忽略掉。这样的人即便收到了香奈儿包包，也不可能识货。

"人家不过是说说好听的，哄我开心罢了。"（自嘲式）

明明是一句赞美，偏偏听成了人家在挖苦和讥讽。这样的人收到香奈儿包包，也会武断地认定是仿品，随手扔到角落里。

"有什么用？事情已经搞砸了。"（钻牛角尖式）

不懂得理解对方赞美的正面意义，自己臆测和胡思乱想。收到香奈儿包包本应该是件很开心的事，这样的人却还揪着其他糟糕的事情迟迟不能从郁闷的情绪中走出来。

但凡来自他人的良言和智慧的见解，一定要多反刍，让它变为心灵的营养，好好储存下来。

2019年11月20日

新来的同事多美说听到了别人对我的好评。

对于她的话差点一只耳朵进一只耳朵出，但经过细细品味后将其妥妥地安放到了心底。这样挺好。

需丢弃的：情绪垃圾

及时清理掉垃圾才能防止其腐烂发臭，避免招蝇生虫。看似小事，但垃圾分类在开始阶段可能不会很顺利，费时费力。需要适应一段时间后才能熟练起来，然后悟出分类技巧，又快又好。

人类的情绪垃圾一部分来源于外界，一部分来源于自身。来自外界的垃圾当时就要扔进垃圾桶。

> 经常会有人说话不经大脑，听着让人眉头一皱。"你胖了！""今天这身穿得不怎么样啊！""怎么没化妆就出门了？素颜看起来怪怪的。"面对别人抛来的语言垃圾，该怎么处理好呢？直接扔进垃圾桶就好了。
>
> ——黄真英（音译）
> 《对于他人无礼的言辞，如何有效反击》

而自己酝酿的垃圾大多是下面这些情况：

第一，"我肯定不行。"

借着过去的经验和糟糕的记忆，折磨现在的我……过去的就应该让它成为过去，学会放下。

第二，"就算报了名，肯定也不会通过。"

未来还没到，却被畏惧和担忧捆住手脚，打击今天的自己。

第三，"公司不景气，到时候被裁员怎么办？"

拿自己控制不了的客观情况吓唬自己。

不妨问一下自己，是不是也抱着这些毫无意义的"心理垃圾"每天过得如履薄冰，束缚了手脚？我们必须时时自审、时时丢掉这些垃圾，丢掉一件东西往往需要很大的决心。面对盘旋在头上的那团自己凭空制造的乌云，也应该用强硬的心驱散它。

需避免的：负面的、厌世的、冷嘲热讽的人和内容

要有意识地摒弃和抉择。一旦开始做了这种删减练习，就会看到之前不应该被请进生活中的人和物。犹如对一件物品需要合理消费一样，我们的心也同样需要养成合理消费的习惯。每个人一天所获得的时间是公平的，不会多于或少于24小时。在这有限的时间内，我们与人打交道、处理百般事务、进行万般思考。你可能把可有可无、无关紧要的事也请进了心里，然后大动干戈地进行一番分类和抉择，如此反复。但是与其这样浪费时间，不如一开始就明智地拒绝将这些垃圾带入自己的生活中。生活中带有负面、厌世、讥讽元素的人和物无处不在，对于这些我们大可以避而远之，毕竟晦气的东西恶劣且顽固，一旦沾上了就会影响心情许久。

新闻为了博人眼球，借助广告创收，不停地播放刺激的内容。网络媒体则为了博取更多的关注和点赞率，不惜夸大和造假，全靠华丽的包装。消极的人大多胆小懦弱，试图把自己的恐惧转嫁给更多的人来换取平衡，好潜伏于人群中。这些对于我们的人生有害无益，必须避开。

要做自己内心的主人。要想达到这种境界，要有意识地把情感具体化，与精神的实体正面打交道。莫名其妙的情绪糟糕、郁闷、难过……这些都不要放任不管。为不同的情绪贴标签，深究其原因，与内心的自我面对面站立。拿出足够的诚意和耐心，试着了解自我。唯有面对自己，才能慰藉和治愈自我。

当你为探索别的国家的文化，未知生物，遥远的宇宙、行星而竭尽全力时，你也可以为探寻自己的内心而倾尽所有，这同样意义深远。

——《面向21世纪的21条箴言》

| 增强精神肌力的3个运动

前面我们讲到为获得自我存在感，需要整理内心。比如，可以把情绪具体化，试着与精神的实体面对面，唯有面对真正的自我才能获得心灵的慰藉和治愈。这些又过于理论化，具体怎样操作令人无从下手……我同样也在这个问题上彷徨和困惑了很久。

生活中人们为了保持健康，会在以下这些事情上下功夫。

比如做定期体检，以便早预防、早发现。生病就去医院就诊，听取专家的诊断意见，接受治疗。平时也会注重饮食健康，为身体提供所需营养。再辅以健身，增强体力和肌力，努力保持健康。

内心也同样需要像对待身体一样去呵护和管理。必要时接受专家、医师的帮助，汲取好的营养，增强内心肌力。

为了精神健康，我在这里跟大家分享一下自己尝试过并见效的几种方法。我认为重点在于凡事能够坚持，使之变为习惯。如果担心自控力差，"三天打鱼两天晒网"，那么不妨将周期从5天缩短为3天，这样就只剩下"打鱼"一件事了。

一 提高自尊感

感恩笔记

读奥普拉·温弗瑞的《我坚信》(What I Know For Sure)一书有几点感悟:每天入睡前(或随时)抽出10分钟时间做笔记。最开始,我的记录大致都是这一天里令我感恩的事情,过了一段时间后延伸为记录3件值得感恩的事情、3件值得表扬的事情、3件遗憾的事情。其实一开始时我也很茫然,不知道该记录什么。而且很多时候今天和昨天似乎过得差不多,没发生什么特别的事情,无非又是焦头烂额的一天,想不出有什么值得感恩、值得表扬的事情。但是,当你刻意回顾和审视时,你就会发现曾经忽略的细微处,也有着让自己突然心头一热、备受感动的事情。坚持这种练习一段时间后,你就会拥有以下这些收获:

第一,当心情郁闷时不要放任和躲避,而是正面关注和分析。比如,今天发生了什么?为什么情绪不好?对情绪进行细分化整理和分类。著名认知心理学家、行动经济学家丹尼尔·卡尼曼(Daniel Kahneman)通过反复实验主张:幸福不是客观的积累物,而在于人们记住了什么。记忆控制着我们的心情,主观又片面。有时会夸大瞬间的事情,有时会把实际发生过的、令人愉快的记忆抹掉。所以回顾一天,重温记忆十分有益。当你在梳理和记录当天值得感恩的事情和自己做得好的事情时,就会发现这一天其实并没有想象中那么糟糕。

第二,每天坚持写感恩笔记,可以自然养成及时记录重要事情的好习惯(因为在写感恩笔记的过程中,你已经拥有了当时不写,事后记忆大打折扣的经验)。所以,唯有第一时间记录下来,才能让那一瞬间的感动和幸福更深刻、更持久。洞察自己内心的每一个瞬间,是一个非常重要的开始。

第三,对于周围发生的事情会更加关注。对于另一半说的话、孩子的某句话、公司领导的话会更加用心倾听,并且变得主动观察周遭的人和事。在日常生活中,也会让大脑不停地运转和思考。这样久而久之,可以让内心变得不那么脆弱,耐受力强一些。

第四,写作是将想法具体化,与心灵面对面对话的最佳方法。好的想法不要只储存在大脑里,而是要记录到本子上。唯有精神的实体显现出来,我们才能正视自我状态,对症分析自己内心的病症,迅速恢复自我存在感。当内心感受到这种体验时会在大脑里对当前的感受进行故事编写,以文字的形式给自己的想法"拍照"并记录下来。

下面是我的感恩记事本上的部分文字。

2019 年 11 月 18 日

纠结了一下,但还是走过去跟博比(我们部门的副社长)打了声招呼。嗯,做得好。

2019 年 11 月 21 日

顶着恐惧,走到白板前写下了我的设想。嗯,不错不错。只要克服了恐惧,其实我也蛮不错。

2019年11月22日

一周接近尾声，感恩。约了姨妈一家吃晚餐。这回没有拖延，说干就干。感恩自己。

2019年11月25日

早晨上班的路上发现反光镜折叠着。惆怅得不得了，给先生打电话求助。感恩先生没有笑话或责备我，嫌我这种小事都要打电话求助。

汲取于心灵有益的粮食

通过垃圾分类对心灵进行清理之后，要用美好的心情填满它。这时可以求助专家或这方面经验丰富的人。

首先推荐的是阅读。在这次的写作过程中我深切感受到，文字是思维梳理的工具。不同于耳朵听的言语，文字是经过长时间深思熟虑后进行整理、修改而成的思维产物。撰写一条帖文都需要费尽心思，写一本书更是（特别是经久不衰的经典作品或全球畅销书）一场"刮骨疗毒"的精神修炼，直到新书出版。一本好书对于打磨内心具有非常大的魔力。

不一定非要读自我启发或宗教治愈类图书，可能有时候还需要接触一些"闲书""有毒的书"。

不要强迫自己一次性读完。读一个章节也好，只读一段文字也罢，重要的是除了阅读以外，还要有对于所读内容进行思考的时间。为健全心灵而阅读不同于应考。相比速度和阅读量，长久而有条不紊的阅读习惯更为重要。

其次，听对人有益的讲座。现在，知识共享和自媒体成为主流，YouTube（热门视频网站）上有益的讲座多如牛毛，"TED: Ideas Worth Spreading"（美国非盈利财团运营的演讲会）、《时间改变世界》（CBS讲座节目）等节目中也有很多优质内容。每周必看一两个视频，对核心内容进行反复回顾，加深记忆，将这些好的习惯培养起来。如果看得过多会因为没时间细细消化而感到有负担，而且会因为总是拖欠任务而觉得自己懒惰、意志力薄弱，陷入自责的深渊不能自拔。观看时长刚刚好，且刚好有时间进行回顾和梳理，这最好不过了。

关注一下YouTube推送的视频，就会明白这段时间自己主要关注的是哪类视频。

"如果一个人缺乏理性，往往会放大自身的不幸。所以人要多学习。"对于金美京讲师的这句话，我举双手赞成。

前面提到了垃圾分类，准确的分类是以了解相关知识为前提的。可回收垃圾、食物垃圾、家具垃圾、家电垃圾……垃圾的材质不同，丢弃方法也不同。同样，我们的心情也需要相关分类知识。倘若所知的关于负面情绪的术语只有抑郁症，那么所有的不开心都可能被归为抑郁症。在精神医学不够发达的过去，人们把所有关于内心的疾病统称为"精神病"，所有与内脏相关的疾病统称为"腹痛"。想要获得内心的力量，就要掌握一些能够诊断和表达内心的词语。

分散快乐

在世上活着,我们可以有多重身份。比如,我是一名设计师、母亲、妻子、女儿、儿媳、朋友。对于某些人来说,我可能又是顾客、员工、邻居和博主。这些身份都是"我"。

之所以伤神难过,是因为许多时候关注点在情感上。孤注一掷的感情一旦受伤,不仅很难恢复,风险压力也会很大。如果能把一个人的快乐尽可能地分散给"多个我",不仅不会降低快乐的密度,反而会增加快乐的强度与总和。

最近流行的多重自我、"二级账户",也是一样的思路。最近我在运营"EK职业笔记"[1],沉迷于第二职业当中。现实中不可能遇见的人,EK却能知晓。一个人现实中的人际交往是有限的,但是在EK上,你可以与新加坡、中国、澳大利亚等世界各地的人交流。生活中我是个凡事低调,不喜欢张扬的人,但是在EK上却不需要这样,我不仅脸皮厚还能开玩笑。是EK为我带来了活力,全面提升了我的自我存在感,提高了我的快乐指数。这就是"二级账户"带来的积极力量。

靠运动锻炼肌肉,需要投入相当多的精力和时间。我们的心灵同样需要加强锻炼。自尊心好比我们心灵结实的肌肉,我们都应该打造刀枪不入的自尊感,这样才能在面对懊恼的事情时抗打、抗摔。

---

[1] 一款社交应用程序。——编者注

如何让自己摆脱毒鸡汤？

职场生活中所承受的80%的压力来源于人际关系。其实不仅在职场，生活中大部分的压力都来源于人际关系。作为社会动物，我们不可避免地要与人打交道。我曾经不止一次想过写一本关于人际关系的书，但每次都会心生动摇。毕竟每个人所处的情况不同，况且我本身不善于处世之道，关于这方面自己也没什么特别的秘方。我只能说，关于如何管理压力，或许可以讲讲个人的看法。

问到大家辞职的原因，占据前位的肯定是"和上司、和同事不和"。其实我本人在过去的25年间也遇到过形形色色怪异的人。在不同的职场与不同的人共事之后，我得出一个结论：这种奇怪的人，不管走到哪里都会遇到，而且在他人看来，我也可能是个怪人。

提到工资，人们通常会误以为这是根据个人所掌握的技术和专业能力所得。工资是关于工作成果的报酬，但这个成果不可能仅靠一个人就获得，它是集体合作的结果。

也就是说，工资是一个人与其他人共事时所投入的能量、时间，以及情感劳动的代价。我认为在工资中，一个人为情感劳动所付出的代价应占据一半以上。换言之，这份钱是我以承受上司和同事带来的压力为代价获得的。毕竟挣钱从来不是一件轻松的事情。

在与人打交道的过程中感到有压力时，我会用两种方法解决：首先，把控好心态；其次，结束当前局面。这两者的共同之处就是我可以调节它们。在长久的抑郁之后，我终于领悟到改变别人是不可能的。所有的抑郁均来源于想要改变不可改变的。所以最明智的做法就是将心思放在自己能做的、能改变的事情上。

把控好心态

第一，我热爱自己的工作，这是最为关键的。倘若工作无法带给我快乐，这就是个问题了。想要克服压力，首先要从工作中获得成就感和快乐，但是如果当前的工作无法带给自己快乐，那么你就要认真反思一下这份工作是不是适合了。

第二，当前的工作是实现自我价值的诸多选择之一，所以不要把工作与人生画等号，要知道自己随时有可能离开这里。（如果不想和职场成为甲乙方关系，就要有足够的自信和能力，有走到哪里都能混口饭吃的底气。"不得不熬着"和"想不想继续熬着"是两个性质完全不同的问题。）

第三，职场是提供劳动、拿工资的地方，不是让你学东西的地方。如果你的目的是学习，那么请你去学校或者培训班。

第四，不要对他人抱有过高的期望。不切实际的期望，八九不离十会给你带来失望。如果一开始就不抱希望，那么也不会有后来的失望了。不要觉得你是领导，就会比我懂得多；不要觉得你是员工，就会在工作上有所进步；也不要觉得你是开发人员，就理所当然会对开发很了解……这种种期待，还是不要期待为好，为了个人健康……

第五，"没什么可学的"这句话本身意味着我的学习能力已降到低谷。"学习"是能动型动词，表明学习不可能是不付出努力就能自然获得的事情。在同样的地方经历同样的事情，有些人能从中学到东西、得到成长，而有些人只是原地踏步。倘若在我们的生活中真的需要发泄一下、倾诉一下、买醉一次，那么就允许自己"放纵"一天，然后重整心情，继续前行。

第六，用神奇的情绪整理法，对当天的心情做及时梳理和分类。把这一天公司发生的郁闷的事情、难听的话、中听的话等进行分类，把该丢弃的丢弃，值得保留的保留，回顾一下，从而提升自尊感。告诉自己——你值得被珍爱。

结束当前局面

就算把心态调整得再好，毕竟我们不是修行高深的道人，肯定会达到某个极限。每个人所能忍受的"厌恶点"不同。

晚饭时问了一下上中学的双胞胎女儿："你们觉得什么样的人最让人讨厌？"海娜回答讨厌恶人，惟娜回答讨厌说话拐弯抹角的人。（我万万没想到说话拐弯抹角的人也会成为最令人厌恶的一类人。哈哈，新奇。）

对我来说，那些喜欢大声呵斥、挖苦、嘚瑟的人尚可以忍受。我就当那个人在表演喜剧，而自己在看他表演就可以了。我最讨厌的是那种不给人说话机会的人。我要是有什么不懂的，一定要问清楚才行，喜欢说话或写东西时脑子里思索许多问题，如果有谁让我"住嘴，安静待着"，等于不让我呼吸，这让我难以接受。那些因为嫌麻烦、怕得罪人而避而不谈的问题，我这个好管闲事的人会无所顾忌地提出来。好管闲事成就了我，让我走到了今天这个位置，但也成了让我在这个过程中走得尤为漫长的"绊脚石"。在过去25年的职业生涯中，我有两次是因为上司换了工作：一次以辞职了事，另一次是调到其他部门。

人生的许多个瞬间，并不是选择更好的那个，而是能忍受更坏的那个。就像在职场，你是留下来继续忍受流氓上司，还是断然离开忍受旷野的痛苦？

如果觉得继续熬下去是对灵魂的吞噬，就果断地及时止损才对。能苦撑下去的韧劲固然重要，但是必要时能够果断抽离的勇气和判断同样不可缺少。这不算失败也不等于放弃，而是抽身离开，保全自己。

有时候有人会对我说："你怎么变了？"其实并不是我变了，只不过是我懂得了之前不懂的事情。一个圆筒从正上方看是圆形，侧面看则是四边形。我自己都不了解自己，更何况别人。所以不要试图轻易判断一个人，在人际关系中我们唯一能做好的，就是管好自己。

| 新生命的到来

34周岁那年我生下双胞胎女儿，虽然我没想过"一定要生个宝宝"，但也没想过"绝对不生孩子"，于是心想既然这样，那就在35岁之前生个宝宝吧。不过，我也是那时才知道怀孕这件事并不是自己想怀就能怀上的。

我深切地感受到了一个女人在身体上与男人的差异，以及各种无奈，随之而来的还有压力和焦虑。这也是我第一次懂得了为什么男人与女人是不一样的。在经过几次自然怀孕失败后，我被诊断为不孕不育。于是我和爱人尝试人工授精，再次遭遇失败，最后不得不尝试试管婴儿。这完全是需要我一个人承受压力和痛苦的过程。努力营造健康的母体——每天注射激素，取出卵子再移植到身体里……全程由一人承担。

我的双胞胎宝宝就这样来到了这个世界。

那时我在摩托罗拉刚刚被晋升为部门经理。公司中对整个业务系统了解得比我透彻的没几个人。众多通信公司的要求事项、不同机种的性能差异、新产品的开发说明会……这些都在我的脑子里。因此刚刚公布升职不能宣布怀孕，这让我每天顶着天大的压力。本来大家就对新来的长着一张东方面孔的经理有着各种质疑，偏偏我这时怀孕……但一直隐瞒下去似乎也太难为我了，因为我的肚子已经很明显了。

好在我的妊娠反应并不明显，所以怀孕初期过得还算顺利。当第29周做孕中期检查时，大夫说宫颈已开需立即转到急诊科。我只是趁着午休时间出来做个孕检，这一突发情况令我措手不及。"不行，我得去公司，下午还有个重要的会议要开。"我清晰地记得当时大夫一脸无语的表情，大概以为我是即将去签重要订单的公司董事，一直嘱咐我必须尽快转到急诊室。

各种超声波仪器被连到了我的肚子上，每隔5分钟我都会从彩超屏幕上看到子宫收缩的画面。为了防止早产，我开始吃各种保胎药剂。经过三天检测，大夫允许我出院回家并嘱咐卧床休息。而我不得不面对一摊子的问题。业务交接根本没开始，要处理的案头工作又堆积如山，部门员工的业务目标也需要确定和引导，明年的工作计划还等着我制订，即将在中国上市的产品也未能拿出最终方案……

我决定从坐班转为在家办公，所幸身体没再出现其他不适。

等到满37周时我做了引产。2007年4月11日，当我拎着生产包走出家门时，芝加哥正下着大雪。我决定自然分娩。在美国自然分娩是在普通病房进行的，如果是双胞胎，为了避免生产时出现风险（需手术），安排在手术室进行。当时手术室聚集了16个医护人员，医院动员了小儿科、麻醉科等各个科室的医护人员来共同完成此次接产。

第一个宝宝出生时比较顺利。根据大夫事先的说明，第一个孩子出来后，第二个如果10分钟内没出来就要直接用手取出，以免孩子在子宫内窒息而死。当过了7分钟还没动静时，大夫开始用手拽出胎儿的腿。我以为生孩子只是生出来就完事了，结果还要等胎盘脱落。过了30分钟、一个小时，胎盘依然没动静。于是两个健壮的男护士帮我揉肚子，折腾了几个小时后胎盘终于脱落。我总算被转移到了恢复室。

一直在恢复室等我的妈妈看到病房里的空调冷风吹得我哆哆嗦嗦，脸色沉了下来。我还记得当时妈妈手脚并用，用笨拙的英语恳求他们："救救我的孩子！"啊，谁还不是个宝宝呢——妈妈的心头肉。

我因为在分娩过程中失血过多暂时昏迷了。等到慢慢恢复意识后,脑子里闪过一个想法,人们常说的"生孩子是在鬼门关走一遭"大概说的就是这个意思吧。宝宝的样子我一点也想不起来,只是在输血过程中本能地告诉自己千万不能这样昏睡过去。

我知道这些都是作为女人要经历和承受的,但如果因为这样就对一个经历过生产的女人说"又不是光你生孩子,有什么大惊小怪的",未免太伤人,而且极具侮辱性。有些事情不可能有人陪着你完成,注定要一个人经历全程。因此,在生完孩子后,我终于明白了男人和女人是不可能感同身受的(在对待育儿这件事情上,必然会拿出不一样的态度来)。而且在经历这个过程后,我切身感受到了男人与女人注定不同。女人生过孩子就会被赋予生命的沉重感,会想到这是曾在肚子里和自己相依为命的生命,是自己用生命生下的孩子,是由自己孕育的生命,是自己的责任,这种情感是无法用语言表达的。这也注定了在对待孩子的问题上,母亲带有动物的本能,而父亲却在许多时候过于冷静。这种差异令人感到不近人情,但似乎也只能是这样。

之所以大篇幅地写到我的怀孕和分娩过程,是因为我个人也给不了各位更好的建议。如果决定要孩子,这都是必须经历的过程。有句话说:"不能逃避那就尽情享受吧!"但这真的有点站着说话不腰疼的感觉。所以对于这种鬼话,我很想回赠一句:"去你的尽情享受吧!"在这世上,"怀孕"和"分娩"我们可以选择不去面对,但并不会因为逃避了就感到快乐(这是作为女人不得不面对的选择)。

当一个人身处困境却意识到不是独自一人时，那份委屈能不能稍稍缓解一些呢？如果有人告诉你这不是你的错，会不会心里不觉得那么委屈？我想是的，所以才很想告诉正在读这些文字的你，千万不要被孤单无助所打败。尽管很多时候你不得不独自抗争和坚持，但是走过这段历程后，你终究会迎来有同样烙印的战友。我们需要做的，就是再坚持一下……

愿我的应援和鼓励能穿过这条漆黑的隧道，如一缕温暖的光，照耀到你的身上……

| 初为人母的感受

从恋爱到结婚用了14年，我的那个他成了孩子爸爸，我成了孩子妈妈。在生宝宝之前就应该想象一下当爸爸和妈妈是怎么回事，然而我和他都没有。没有谁告诉过我们这意味着什么，需要做哪些琐碎的准备，会面临哪些措手不及的问题……就像当年他和我在异国他乡开始留学生活，无依无靠全靠自己一样，生了宝宝后的照看问题同样只能由我们两个人独自承担。两个年轻人在毫无准备的情况下第一次做父母，注定了需要经历很长时间才能适应这样的角色转变。

家务突然增加3倍多。

我知道生孩子就要面临"育儿"这个新的任务，也做好了这方面的心理准备。只是万万没想到这个育儿任务里还包含做家务。两个人时可以"混日子"，打扫房间之类的只要在客人偶尔来访时做做样子就可以：脏衣服堆在一起，攒一两个星期洗就行；到了饭点懒得动弹时也可以偶尔饿一顿，不想做饭就点个外卖或者煮拉面……好像也没什么大的事情需要两人分担，一个人喊里咔嚓收拾一顿立即就能还原房间的井然有序。

然而，孩子出生后每天都要擦地板。只要一天没及时打扫，宝宝们就有可能在爬行时顺手抓起地上的东西往嘴里送。脏衣服也要两天一洗，还要购物、做饭……我第一次对分担家务有了不满情绪。

这不公平！

是的，作为小白妈妈，我感到最大的不满和委屈就是不公平。我生长在男尊女卑思想极其严重的家庭，每当听到"你是女孩，你不行"时，我就会很不甘、很生气。所以，一直以来我都是努力证明没有什么是女孩子不能做的。对于性别导致的压力也异常敏感。

身为孩子爸爸的丈夫和身为孩子妈妈的我截然相反。女人一旦做了妈妈，整个心思都在孩子身上。可能是由自己十月怀胎迎来的生命吧，要对她们负责的使命感不仅是理性的认识，更接近一种动物的本能。一个是理性，另一个是本能，这就注定了在育儿问题上男人和女人有着太多的不同。

那时每天下班回来，我都要上网查找育儿信息。宝宝什么月龄该打什么疫苗，什么阶段添加什么辅食，宝宝一直哭是什么原因，他们所说的过敏原检测是什么意思，宝宝的睡眠训练要怎样进行……要了解和掌握的育儿信息太多。我突然就成了从未涉足过陌生领域的一个菜鸟，那么多闻所未闻、见所未见的东西，而且一切都没有固定答案，需要去查找、去咨询，以获取各种信息。相比之下，丈夫却没有丝毫改变，下班后依然是查找行业动向的相关新闻，遇到新的行业信息再告诉我。我陷入了职场上被远远甩到后面的不安当中，但丈夫却不受任何影响。这种反差令我很是委屈。

丈夫勾勒的母亲形象和我勾勒的父亲形象

两个人如果朝夕相处14年，我觉得双方肯定会了解到骨子里。是的，我一直觉得自己和先生很默契。虽然气质和性格不一样，但这反而成了我们两个人保持长久和谐的优点。对于彼此的价值观和人生观，我们一直都互相尊重和敬重。

而作为孩子的父亲，他的样子让我感到陌生。可能对他来说，我的样子也一样陌生吧。一旦有了孩子，婚姻生活与之前的二人世界就完全是两个状态。

最难以接受的是丈夫骨子里所勾勒的母亲的样子。他的意识肯定源于他的经验，而我不可能接受这个观点。他的母亲，也就是我的婆婆是迄今为止我见过的最具有牺牲精神、最慈祥、最有耐心的刚柔并济的女性。

在丈夫的认知当中，"母亲就应该是这样的"。

我们对于彼此既无比失望又深感陌生。丈夫本应是育儿战争中和我并肩作战的唯一战友，却如此无动于衷，这令我怨恨交加。可能正是因为有所期待，才会如此失望吧。

按照常理，30岁怀孕、生孩子、育儿……这些恰好是在职场上刚有起色的阶段，而且一旦有了孩子，在职场至关重要的这段时间就会变得焦头烂额。而这期间唯一能做的就是坚持住，不放弃工作。尽可能地保存实力，保持清醒，始终把"我"放在首位……然后等待这段时间过去。

一切会过去的。即便你曾经觉得暗无天日，也终将会过去。看似漆黑无边的隧道，也会有走到尽头的那一天。只要你顺着它一直走下去，总有一天你会走出这条漫长的隧道，重见天日。

而他也同样走在这条隧道当中。漆黑不见终点，还会被同行抓狂的手脚碰到、伤到。尽管这个吝啬于伸手帮我的人，常常令我生闷气，但是他何尝不是在默默地前行着，但愿不要给彼此太大的伤害……

只要我们能共同走出这条漫长的隧道，只要我们能够在未来某一天在隧道的尽头看到彼此，那就是无比的欢喜。"亲爱的，见到你欢喜无比！"

对我来说不存在什么百日奇迹，也没有什么周岁奇迹。一直到孩子大概4岁能独立"嗯嗯"时，我才第一次觉得她们有了人的样子。所以，要是有人问我育儿什么时候是个头，我会说："别想太多，一直熬到孩子4岁就好！"

| 摆脱负面情绪的7种方法

过于介意他人的目光和想法，内心自卑，深陷劣等感中痛苦不堪，生活中这样的人太多，我也不例外。这些人大多受到天生的性格、后天的成长环境、当时所处的状况的影响……所以，会在某个时刻处于这种心理劣势。

我已经克服了许多童年时折磨过我的自卑感，但每当遭遇相似状况时，我依然会习惯性地自责，觉得是自己不够好才导致这种局面。"是我的问题"这种思维惯性在职场中经常会带来负面影响，所以我一直处在努力改正当中。

曾走过越挣扎越深陷的泥泞沼泽，有过恨不得像尘埃一样就此消失的时刻，走过看不到尽头的漆黑隧道……每每想到这些我都会感慨和唏嘘。但愿我的经历能对某些人起到借鉴作用。

— 充实起来 —

让自己忙碌起来，无论是身体还是心灵。人一旦闲下来就容易胡思乱想，所以要避免让自己有胡思乱想的机会。心血来潮时整理房间、购物、看电影，无论是什么，能忙碌起来就好。我知道自己身上的惰性，所以会提前给自己找事情做，好让我被手头的事情困住，无暇操别的心。或是演讲，或是会议，不考虑那么多就直接把日程排满。一个人自己决定做一件事情很容易不了了之，所以我会尽可能公开，让更多的人知道我的"雄心壮志"。因为我知道如果不是这样高调，自己肯定会半途而废。

— 自我觉察 —

每当有负面情绪时，我能预感到自己会被负面情绪所控制。

这一点很重要，继而告诫自己千万不要陷入自怨自艾、逃避现实、自我欺骗、自虐等怪圈中。于是，我主张要学会从自我中游离出来。当意识到自己坠入低谷时，我会及时游离出来，回头看自己。这时就会后知后觉："啊，不能让自己处于那个处境当中……"我会想到需要把自己从深渊中拯救出来。有时候也会发现，原来我以为的深渊，不过是一条小水渠。

— **不必太介意别人的话** —

如果仔细分析带给我伤害的那些人，不难发现他们其实也是情绪不稳定的人，有些甚至有着内心痛楚。我也发现喜欢八卦、多管闲事的那些人，事实上对我的人生并不感兴趣。所以，我们不妨让自己学会一只耳朵进，一只耳朵出。学会了这一点，你会觉得人生豁然了许多，简单了许多。那些扰乱我们内心的人，试着从内心把他们拉到"黑名单"中，尽可能远离。

— **战胜过去的阴影** —

有时候过去的不开心会折磨现在的我们，尤其是小时候受到过原生家庭伤害的人，即便在成年后依然常常被童年时的阴影所困扰。随着年龄的增长逐渐认识"自我"时，以往的幽灵仍时不时地纠缠和折磨现在的自我。想要努力忘记或放手也无法真正解决问题。对于这些过去阴影的纠缠，我们需要拿出绝对的意志力，不允许过去的伤痕毁掉当前的自我，不允许自己受过的伤害传给下一代，绝不让曾经一不小心踩过的狗屎毁掉自己的整个人生，自己的人生必须由自己来捍卫……你需要不停地磨炼自己的意志，不停地给自己洗脑。不受困于以往的不幸，让自己完全得到解脱，而这个过程，我也经历了相当漫长的时间。

— 写日记 —

细想起来，我隐约地感觉到写日记对于捍卫自己起到了不小的作用。从初一到大学毕业，我一直在坚持写日记。也可以说，在自我思想和主体趋于定型的过程中，我一直不间断地写日记。对于茫然的情绪我从来没有漠视和忽略，而是把这些用文字记录下来。当纷飞的情绪一点点被文字摁在纸上时，就会发现曾经那些茫然的情绪会一点点变得清晰起来，也渐渐地懂得曾经让我无比痛苦的那些事情是多么的虚无。等到日记积累一段时间后重新看时，甚至觉得曾经日夜折磨我的担忧和烦恼竟然是如此大同小异。这时我不禁幡然醒悟："啊！拜托！打住，继续向前！"

— 旅游 —

去旅游，避免让自己陷入日常琐事之中。当然，现在是各地疫情此起彼伏的时期，所以很多人不得不按捺住想要放飞自我的冲动而闷在原地。在疫情暴发以前，我常常会在周末的晚上来一场说走就走的周末游。到外面走走、看看，敬畏和谦逊的情绪就会油然而生。当我们面对大自然的雄伟时，会顿时觉得困扰我们的那些事是多么渺小，再从众生百态中重新审视自我。出去走一遭，就会多了努力活着的感悟。挣更多的钱、去更多的地方，这种想法也会让人更加愉悦和奋进。

— 锻炼 —

8岁那年，我曾作为观众到KBS电视台（韩国广播公司）参加一场少儿歌唱节目的录制。为了活跃氛围，现场工作人员在录制节目前给大家出了一道题："小朋友们，大家来猜一猜，不想感冒，我们该怎么做？"

我当时很想要那个小礼物，于是举手回答："回家先把手洗干净！"

"对了，回答正确！"

还有比这更简单的问题吗？现在几乎所有的专家都会强调预防新冠肺炎的方法："正确佩戴口罩，勤洗手！"

连8岁的小孩子都懂的道理，专家在反复强调，说明依然有很多人并没有做到这一点。

锻炼是保持心理健康的第一秘诀。体育锻炼不但会带来身体上的健康，由于健身的全程需要专注地投入，自然也会让健身者抛开杂念，因此坚持锻炼可以很好地恢复自信。这个众所周知的道理专家还在强调，是因为很多人虽懂这个道理但身体跟不上……啊，说的是我吧？好的好的，行动起来！

| 不想失败等于不肯挑战

妈妈非常喜欢捯饬花草，我大概遗传了她这一点，也很喜欢

养花弄草。她在农村长大，所以对泥土有着情愫，只要看到泥土就总想种点什么。结婚前我们住的是独门独栋，一到春天妈妈就坐不住了，她会在院子里撒下花种，种上各种蔬菜秧苗。

我也很喜欢在菜园里种菜，也想过费这个劲和时间还不如去市场买来吃，便宜又方便。但是，当我看到植物抽出嫩绿的枝芽时，那种喜悦是无可比拟的，会特别治愈。看着一枚草莓一天天变大、饱满，期待着它成熟、洗净后摆在原木餐桌上；看着圣女果从小不点一天天红润、变大，又会琢磨是不是该给它修剪枝叶了，怎样才能收获更多的果实？我每天都会仔细观察枝叶和果实，脑子里想象着美好的画面。

在妈妈的耳濡目染下，我觉得自己也成了还不错的菜农、花农。当然，也并不是每次播种都是一片葱郁的喜人场景，也搞砸过好几次，比如尝试过几次播种苏子叶却都以失败告终。去年一位挚友送给我一些苏子叶秧苗，我当然兴致勃勃地把它们种到了我的菜园里。开始时长势确实很好，但不知什么原因，到了花季却不见它们开花，蔫了吧唧的，竟然枯死了。后来听妈妈说想要采集苏子叶的种子，就得等它开花，千万不能摘叶子。而我哪里懂这些，只要叶子长得差不多了就迫不及待地摘下叶片放到餐桌上，变成包饭、包烤肉的配菜下肚了。难怪它没来得及开花就枯死了。

第二年春天，沉睡在泥土里的小花悄悄露出嫩芽，冬眠许久的树木也抽出了新芽。有一天，我去逛超市刚好路过菜种柜台，就又走不动了。其实我知道相比秧苗种菜，撒种种菜的难度会更大。但之前种过小萝卜、青年萝卜都成功收菜，勾起了我对种菜的浓烈兴趣，所以这次又买了一包苏子叶种子，尽管秧苗种植失败了一次又一次，但并不妨碍我开开心心地酝酿新的种植计划。

通常种植菜种3—4天后就会出芽，最迟也会在一周内破土，但过了一周，苏子叶一点动静都没有。难道是野兽潜入菜园给刨出来祸害了，还是超市买回来的种子有问题？我抓破头皮也想不出究竟哪个环节出了问题，就这样一天天郁闷着、嘟囔着。

我很喜欢吃苏子叶，但好像全世界只有韩国人在吃它，所以在这异国他乡我如果想买苏子叶，要去很远的一家韩国超市才能买到，价格也着实不便宜。而且，买的苏子叶很容易打蔫儿，冰箱里存放不了几天，所以才一心想自己种。自家园子里的菜，想啥时候吃就啥时候摘，而且永远都是绿油油的、新鲜扑鼻的，管饱管够……想想都让人兴奋。

总之，这次务必成功。我特意在菜园的外围围了一圈铁丝网，防止野猪、野兔进去祸害，然后悉心施肥。这次撒种时还尽量把深度控制在不深不浅的程度。可是过了一周又一周，依然不见动静。这次又是哪里不对？

"菜种播种看来不是一般的难啊，还是跟人家要点秧苗种吧。要不干脆把地重新翻一下，种点别的……啊，我是不是跟苏子叶没缘分啊？"一通纠结后，就放任不管了。

过了第三周，这片"不毛之地"竟然冒出了两株幼苗。啊，这难道就是"柳暗花明又一村"？我开心得早晨和晚上都会跑到菜园里看护这两株幼苗，生怕被壁虎叼走了、风吹走了、半夜下雨浇过了……指甲大小的两株小苗，就这样被我胆战心惊地呵护着。又过了几天，整块地开始一小撮一小撮地冒出绿芽来。"千呼万唤"始出来，我还真没见过这么让人焦急的菜。这时才猛然想起母亲说过，苏子叶出芽有漫长的等待时期。可我没想到会等这么久，3周啊！最近，去菜园看苏子叶成了我的新乐趣。今天多了几株？长了多少？怎么看怎么稀罕，真是欣喜得不得了。

曾有人问我，有没有面试一次通过的经历？而我恰恰与这些人的出发点相反，我在面试新人时更喜欢问他们有没有失败的经历，因为我没见过有谁不经历失败就直接成功，而且切身经历告诉我，一个人的失败有多惨、有多频繁，成功的可能性就有多高。

没有过失败的经历，意味着可能从来没有任何挑战，或者即便挑战了也可能只是浅尝辄止，连谈论成败的阶段都没达到。我们在尝试一个新的目标时，相比一帆风顺，遭遇挫折的概率可能更高一些。别人做起来顺风顺水的事情，我做了却是磕磕绊绊，但重要的是这些失败经历锻炼了我，给了我经验和教训。这些经历不仅让我懂得了失败的原因，也提醒自己避免再次失败。这些经历也会成为基石和武器，让我更好地迎接下一次挑战。虽然看似失败，但在凝练后可以变为胆量和魄力！

当然，并不是说失败的经历越多就一定能积累到宝贵的经验，一定能从中得到成长。反复的失败也会挫败一个人的自尊，打败自信心，让人变得钻牛角尖，觉得为什么别人可以，偏偏我就不行，从而变得怨天尤人、自怨自艾，甚至愤愤不平。想让失败的经历转换为积极的能量，还要做到以下三点。

一 从小事开始 一

从出生到会走要经历数不尽的跌跌撞撞。一次成功翻身、一次成功爬行、迈出第一步、蹒跚走路、稳步小跑……每一次小的进步，宝宝都要尝试几百次，磕碰无数次，小膝盖要经历一次又一次淤青和紫色消毒水的涂抹。如果一个婴儿不经历这些阶段就直接挑战跑步，这种违反自然生长规律的事情只会害了宝宝。

年轻时多经历那个年纪该经历的失败和失误没什么坏处。因为睡过头上课迟到而出糗、因为考试考砸而懊恼、因为和同学相处不好而烦恼、因为在学校遭遇不公待遇而勇敢抗议……尝过失败的苦头，才学会担当和善后；经历丢人和伤自尊的事，才思索人格的深意；面对朋友的不幸遭遇，不冷漠、不轻视，才在互助互爱中感受集体的价值和意义。

失败经历丰富的人和未经历过任何挫折的人，入职后两者的差别很大。那些一直顺顺利利，没经历过什么大的失败就平步青云的人，会在日常工作中想方设法避免出错和失败，于是大项目或者责任重大的项目都不是很敢揽下来。这类人一旦进展不顺利，就很容易跌入悬崖，而且对于如何善后很生疏，往往要经过很长的恢复期才能缓过来。严重的话可能会引咎辞职，或者逃离现场。

但经历过失败、有着善后经验的人，就会很快在接受自己的失误后拿出一个态度来，第一时间道歉或表示下不为例。他们会吐槽自己和这世上的奇奇怪怪，然后告诉自己这次仅仅是运气不好，不必太放在心上……总之，他们有办法快速走出当前的困境，继续推进工作。

其实，新员工的工作失误或失败基本不会给公司带来灾难性影响。从新手到高管，不管哪个级别，承担的工作都是那个职位能胜任的工作，所以个人失败不会毁了整个公司，更不会毁灭地球。但这种失败很可能把自己送上毁灭之路。为了避免这一点，要练就很好的抗挫力。

一 复盘 一

比成功的结果更重要的是对过程的回顾：是什么原因导致失败？成功的因素又是什么？对这些问题进行回顾和分析，做系统化的归纳，有助于在今后的工作当中提高成功概率，避免同样的失败再次发生，形成一个可持续发展的体系。这对于个人职业生涯或公司的成长都非常重要。回顾事情的过程，深入分析原因，弄清楚究竟是人力问题、项目问题、部门之间的分工问题、法律规则问题、市场接受度问题，还是价格问题。查找原因，确认变量，为下一阶段的挑战做好准备，这番归纳与总结可以大大提高下一阶段的成功率。

有些人在出现问题时（或分析原因时），往往喜欢把失败的原因归咎于他人。比如高考失利，会抱怨："当初是老师（或父母）让我这样填报志愿的啊。"工作上出问题招致上级质问时，会不假思索地回一句："不是组长您让我这样做的吗？"当初是出于好心给他的建议，后来却变成抱怨和责怪，像弹力球一样被弹回来，这种人其实并不少见。之所以会表现出这种态度，是因为他对失败的原因没有进行理性分析和总结。有时候一件事情之所以失败，原因在于自己没有把握主动权，而是被事情牵着鼻子走。那么即便是这种情况，也应该想想是什么原因导致的，事态将走向哪里？会是什么结果？在想清这些后应及时把控重心才对，不能全程不做任何反思，任由自己被动地参与。这种失败不能称为"我的失败"，对于积累经验和教训也毫无帮助，反而会增加挫败感。所以，无论是我们牵着事情走，还是被事情牵着走，都要时刻保持清醒，及时把控重心和方向。

— **走到尽头** —

并不是有过很多次失败和及时纠错，就注定了下一次的成功。一个人的魄力和胆略，还要建立在一定的成功经验上。在失败和成功经验中摒除一个又一个失败因素，调整战略重新挑战，直到成功……只有这时，我们才有可能绽放成功的蓓蕾，唯有这样的经验和成就感，才会成为一个人实力的奠基石。

小时候和小伙伴争吵又和好的经历，多次竞选班长最终竞选成功的经历，高考失败复读最终考上大学的经历，多次求职失败后最终成功入职的经历，多个项目方案失败最终成功的经历……无数个磕磕绊绊的经历造就了今天的"铁肉铜骨"。所以每次开讲座时，相比成功的经验，我喜欢更多地讲到自己失败的经历。并不是因为失败的教训有多重要,而是这些失败在自己的成长历程中起到了重要的作用;我是如何克服这些失败,一步步走向成功的……唯有说到我怎样狼狈地跌倒过,才能更好地说明我后来怎样悲壮地站起来。有些人试图从华丽的简历中寻求一条成功的捷径,而我更想剖开伤疤和血肉,让人们看到我一路上的摸爬滚打。

失败固然是沉痛的,但这是成长必须经历的过程,不要让失败仅仅是伤口和痛楚。如果伤口被放任不管就只会溃烂,而更为危险的是失败的伤痛常常会变为心理阴影,每每在我们想跨出一步时,它突然"啪"的一声打击我们的勇气,让我们本能地退回原地。有了伤口要及时治疗,分析受伤的原因,研究如何避免再受伤,重新振作起来。只有做到这样才能将其转化为宝贵的经验,重拾站起来的勇气,正视伤口而不是逃避;唯有这样,才会不那么抗拒受伤。

时间不仅让我们好了伤疤,也会让我们克服伤疤带来的阴影,内心强大起来。

"咳,这点小伤,死不了!"

有些人可能觉得:能在孩子需要时出面帮他避开失败,就是好父母;在职场上,事无巨细地对员工事事唠叨和指点,以免员工在业务上出现失误,就是好领导。其实,不妨放手,不要去管那么多,给他们自己施展手脚的机会。不给任何失败的机会,这本身就是最大的危险。因为世间万事,多几次失败天不至于塌下来。

及时止损是一种勇气

2019年冬，我们历时两周进行了自驾游。行程攻略非常诱人，在拉斯维加斯观看绚丽的圣诞盛宴，观看全球久负盛名的太阳马戏团惊险刺激的马戏表演，参观锡安国家公园的"天使坠落"，再到日出、日落观赏地布莱斯峡谷国家公园观赏壮丽的"一万两千峰"，最后一站是死亡谷（1913年最高温度56.7℃，被誉为地球上可测温度最高的地方，因此被载入《吉尼斯世界纪录》）国家公园园区旅馆，我们将在这里迎接新的曙光的到来（12月最低温度4℃，最高温度20℃）。

其中有一段行程令我魂飞胆丧，就是锡安峡谷的"天使坠落"盘山道的爬山行程。顾名思义，这座山直冲云霄，往返行程1.8千米，极其陡峭，其中有一段路是仅能一人通过的宽度，只能依靠山石上的铁链前行，是挑战难度系数最大的。所谓"无限风光在险峰"，越是危险处反而越有挑战魅力与刺激感。据说夏天来此处攀登的人多到只能盯着前面人的后脑勺前进。这里不愧是网红景点。

在入口处我们看到一块醒目的警示牌。上面写着"2004年后，此登山路线已坠崖10人"和"游客安全本景区概不负责"。

这到底是让走，还是不让走呢……

顺着蜿蜒曲折的悬崖攀爬半天，我们一行人到了最后一个歇脚点。前一天下的雪覆盖着前方的盘山路，我们套上防滑冰爪继续往上爬。

既然到了侦察点（scout lookout），谁不想登顶？

但万万没想到，真正的挑战从这段路才开始。我们攀着铁索往上爬的途中遇到了园区管理员，他一次又一次地告诫我们："今天路况很危险，越往上越要小心了。"

我们如履薄冰地走了一段后，到了锁链断开的路段，而脚下就是万丈深渊。刚要迈步时腿却突然发软怎么都迈不开，我就那样瘫坐在地上。只感觉心里"轰隆"一声塌下来，再也无法动弹。此时，先生已经在对面守着孩子们，只有我戳在中间进退不得。后面跟过来的一位看似专业的登山者见状，向我伸过来一只手。

"需要帮忙吗？用不用往回走？"

我说想到前面家人那边。借助登山者的搀扶我才勉强走过那段路。直到稳稳地抓住前面的铁索时，我才总算一块石头落地。

继续往上爬一段之后，我终于向家人们举了白旗。因为这一刻我的两条腿已经虚脱得不能再负荷了，而且我还要留点力气一会儿好下山。我决定靠边原地等候，先生则带着孩子们爬到"天使坠落"顶上。由于是冬季又刚下过雪，而且风力大，今天来到"天使坠落"的（胆大的）人倒是并不多。

正当我在原地等候时，有个登山客"一览众山小"后走了下来。那人用讶异的眼神看着我，仿佛在问："怎么一个人在这里？"我如实说，实在走不动了，所以放弃继续攀登，在这里等同行的下山。

"吃不消了，今天就爬到这个高度了。"

对方爽朗地说："没关系，尽力就好。"

生活中有太多的瞬间都需要该停则停的勇气。胸闷气喘、心脏压抑、无法入眠……夜里有这种迹象持续出现时，就要敏感地懂得这是身体发出的危机信号。弄清心悸是暂时性呼吸器官的问题，是更深一层的心脏问题，还是因为心理上出了问题而导致无法很好地调节心脏……这些都有必要沉下心来好好分析一下。

入职谷歌后，我有段时间出现过各种并发症（因为厉害的人比比皆是，压力不是一般的大）。身体常常发出异常信号，我不得不求助心理咨询师为我进行心理疏导。

当身体和心理发出异常信号时，我们要懂得喊停。无论是暂停、返回，还是等候，都没关系。

就算有关系，也没关系。

哭改变不了任何事，尽管如此……

我之所以知道《哭改变不了什么》一书，是因为在电视剧中看到过一句话。

"人的语言诞生于嘴，死于耳朵。但有些话它并不会死，而会进到人们的心里，一直活着。"

一个人的话像烙印一样留在心里挥之不去，这种事情在我们的生活中比比皆是。我内心深处会留有某个人的某句话；而我无心说过的话，肯定也会在别人的心里变为幽灵游荡。

促使我订购这本书的并不是这句话，而是它的书名。我果断按下购买键。

> 无法刻意开始
> 也无法说停就停
> ——《哭改变不了什么》

哭确实不能改变什么，但是眼泪是人类最为赤裸的情感表现。

由于表露了最为真实的情感，所以可以暂且收起锋芒，抛开敌我，肝胆相照，路人成友人。

不久前，我跟一位同事促膝而谈。在黎巴嫩首都贝鲁特的那起爆炸事件中，他的老家深受打击，损失惨重。在地球的另一边，他听着这一切却什么也做不了。我何尝不是，听着他的悲伤故事，只能沉默着却不知该如何安慰。我告诉他，在这个地球上没有什么地方是24小时抵达不了的，所以如果愿意，可以现在就回去一趟，省得将来后悔。随后，我给他讲了至今为止令自己后悔的几件事情，那时两个人都哭了许久。我知道哭不能改变任何事情，但是自那天之后，我们两个人不再是单纯的职场同事，而是交心的好朋友。

一个人会有许多泪目的时刻：观看虐心韩剧或电影，观看壮阔到令人失语的大海，闻到沁人心脾的泥土芳香，听到妈妈的声音从话筒的另一边传来,一杯辣酒下肚突然暖了心肠……每每这时我都会深呼吸,然后任由眼泪往下流。鼻涕就像直升机下放的悬梯摇摇欲坠,肩膀不住地耸动着……仿佛全身的神经都突然不受控制一样,但我就是这样恣意地哭了。我觉得有时候我们的心也需要有归属,需要有一个发声的地方,需要刷刷存在感。

当一颗心想要证明自己的存在时,就会化为眼泪流下来。不要困住它,不要欺骗自己,随心而动就好了。我们之所以是人,正因为我们有着滚烫的心啊。

去烦恼那些自己能做的事情。

决定权不在手中时,尽心做好自己的事。

决定权在手中时,做选择就可以。

尝试过后不选择,

与试都没试过不选择有天壤之别。

顾虑宜少,行动宜快,想做就去做。

至于会发生什么,到时再说。

Chapter 2

计划制订得华丽丽，行动落实得惨兮兮

改变人生的一句咒语：
"行就行，不行也没什么。"

顾虑宜少，行动宜快

"我想积累海外经验，是不是应该出国留学？"

"我想积累海外经验，该怎么做？"

"我想积累海外经验，是不是应该先攒点钱？"

时常听到周围的人问我这些问题，而我的答案基本都是一个模式。

"不管出于什么打算，先去做再说。至于去不去，报名后再去考虑这个问题也不迟。毕竟当前的选择权不在我们手里。当前能做的就是去申请，然后等待结果。"

我们总喜欢为很多事情苦恼，而且大多是还没有发生的那些事情。这些担忧中大部分是多余的烦恼。去不去留学，等拿到入学通知书后再考虑也不迟。而99%的人，仿佛手中已拿到国外名校的录取通知书，过早地开始担忧。要知道，拿到国外大学录取通知书要经过层层筛选，哪能什么都没开始就担心去不去的问题呢？还是说压根就没想到这一点？或者觉得前期申请环节都是无用功不需要去做？我看好多人每年都在苦恼到底去不去留学，而真正写过申请书的人并没几个。也许是因为相比收到被拒邮件，凭空想象和苦恼会心里舒服得多，所以才会这样。

有人向我请教职场经验时，我会坦言道："抛出你手中的球，不要紧攥着不敢扔。你把球抛出几次，就能看到抛出的那颗球回来的轨迹。你再抛出球时会发现它竟然跑到了当初不曾预料的地方。原本没有指望的事情竟然成了现实。如果它依然空空地回来，那么你至少学会了抛球的技巧和要领，下次可以把它扔得更远一些。"

我申请美国几所研究生院时英语分数都不达标，英语写作也没有熟练到能够独立完成自荐信的程度，对于申请院校更是没头绪。我先是从位置上离得近的院校开始递交申请材料，至于不足的英语分数，我在推荐信中承诺到入学前务必考过并补齐成绩。我又称当前所住的地方离学校很近，希望能探访学校面谈，并真的约见了招生教师。事后重新想起这件事时，我觉得其中一个学校在见到我之后为我的鲁莽感到很无语（因为语言无法沟通），另一所学校大概是看在我的诚意上才同意约见的。

求职也是一个路子。我很清楚录用通知书是由招聘公司决定是否给我的，而不是由我本人审批通过的。我能做的（我应做的）

就是叩响公司的大门，与他们进行对话和协商。即便最后收不到录用通知书或收到礼貌性的被拒邮件，这种过程对我来说就是一场演练，一场必须经历的抗打训练。没有谁能在第一次击球时就打出本垒打，大家都是经过无数次打空和地滚球、界外球，才能把球控制在场内，一点点找到感觉。

这种感觉熟练了，才能成长为本垒打击球手。

有时候，我会劝身边那些在一个职场里待了许久的朋友，让他们试试给别的公司投简历。这样不但能唤起自己当前的身价意识，也能切身感觉到手中的那颗球含金量是多少。并不是说为了离职跳槽，我觉得职场人需要每年汇总一下这一年的业务成就，对简历进行补充和完善，时隔几年在求职市场上投递简历，看看能成功敲响哪扇门。这种精神和尝试，对于跑好职场马拉松非常必要。

去担心那些自己能做的事情才靠谱。当一件事情的决定权不在自己手中时，专心做自己能做的事情；当一件事情的决定权在自己手中时，就去做选择好了。尝试过后不选择，与未经尝试就放弃选择权，这完全是两个性质。顾虑宜少，行动宜快，先行动再说。至于后期会发展成什么样，等到时再去考虑。

今天就开始做！

| 克服恐惧心理的7个方法

艾娜是我认识多年的职场后辈，我们两个人平日里关系甚

好,有一次她向我咨询一些职场问题。当时她正在美国西部名牌大学双修商业和经济学,现在是一名项目经纪人。除了在做IT项目外,还负责UX设计(用户体验设计,User Experience Design)工作,她对这份工作很感兴趣,所以打算正式转向UX设计领域。

什么是UX设计?就是负责用户的产品使用、服务、系统等体验的整体设计工作,比如:打开YouTube应用时哪类视频的点击量高,缩略图大小或标题版面怎样设计才方便,用户菜单怎么设计才合理,订阅和提醒功能怎么设计才人性化,等等。对这些做各种测试、研究和改进。按键的大小、位置、形状、颜色的微妙差别都会影响用户的体验感,所以必须了解和分析消费者的心理与反应。

艾娜称自己打算1年后辞职,明年秋季开始学UX设计相关课程,希望我能给点建议。她对重新上学需要承受的经济压力,以及自己老大不小还要挑战学业和对于成功的不确定性都表露出担忧,怀疑这种投资是不是明智之选,她说得压抑又悲壮。

听艾娜说完,我向她提议:

"可以两者并行啊!该上的学去申请,新单位也去投简历。"

"可是我并不想现在就辞职。"

"让你去给别的公司投简历,并不是让你现在就递辞呈。"

"嗯……可是如果给别的公司递简历,不是到时候真的要辞职吗?我现在没有辞职的打算,岂不是浪费时间?"

我笑了笑。

"你投简历人家就一定录用你了？先试试，到时候再见机行事。"

艾娜点点头。

"嗯，好像有点道理。那我现在应该怎么做？"

"去搜索一下，如果有感兴趣的岗位，就先投简历。"

搜索招聘信息、投递简历，这些艾娜肯定都了解，但看她依然面露难色，我又问："直接投简历就可以了，在纠结什么？"

艾娜支支吾吾半天回答道："嗯……可能是害怕。"

"比如呢？"

"嗯……可能是担心被刷掉吧。"

"被拒绝几次不是很正常吗？对求职者来说这不是什么稀奇的事情啊，你又不是不了解。这有什么可怕的？"

艾娜又踌躇了半天才缓缓开口："我怕别人知道了我求职失败会对我失望。他们，我是说那些和我亲近、熟悉的人，他们对我的期望值不是一般的高，我压力挺大的。"

这种感觉我也有过，即便现在我也时常笼罩在这种恐惧当中。恐惧是一种非常顽固又可恶、阴暗的心理。但是如果驾驭得当，它会成为满满的能量。在此，我分享一下战胜恐惧的7个经验。

— 抛球 —

首先要抛出那个球。扔出去才会知道那种手感，打过线外球、地滚球，才有可能打出本垒打。坐在椅子上一杆打出就成功，这是天方夜谭。人生没有一次就成功的，至少我的人生当中没有过。

人们喜欢说做事要运气好，要恰逢其时。但是如果幸运之神眷顾你时，你没能及时伸手回应，那么有所谓的好运也无济于事。运气就是我当初抛出去的那个球重新弹回来，而我刚好打中并打出了满垒本垒打。往往抛出第二球时相比第一次的恐惧会少了许多，第三球更是如此。

— 提高概率 —

如果橄榄球让你恐惧，那就换乒乓球扔出去；如果红色球让你恐惧，那就换黄色球扔出去。我们需要在这个过程中了解什么适合自己，自己擅长什么。去尝试将各种大小和各种形状的球，扔向东南西北不同的方向。如果只是往一个方向抛球，回来的概率并不高。你可以申请研究生课程、给新单位投递简历、做自媒体……自始至终，你只需要笃信这一点就好："只要打中一个即可。"

— 丢掉一开始就要做好的包袱 —

从入职谷歌到适应岗位，我经过了相当长的时间。全世界的精英汇集在这里，越是这样想就越觉得自己啥也不是，也很怕露怯。从轮到我筹备广告计划书我却无从着手开始，无论是会议记录还是设计文件都一筹莫展。在书桌前熬夜的日子多了起来，我每次都是赶鸭子上架一样草草完成作业，其质量当然是惨不忍睹。这种恶性循环让我透不过气来。

心理咨询师劝我先把心里所想的写下来，随便什么都可以，不必拘泥于顺序和形式，英语和韩语哪个顺手就用哪个，把脑子里能想起来的单词都记录下来。我们会在开始阶段缩手缩脚，往往是因为一开始就想要做好的贪心在作祟。

在备考美术学院那段时期，我学过素描。眼睛、头发，每一笔都要用心描绘。当时美术学院有位前辈，石膏素描非常厉害。我仔细观察过他画画的过程。沙沙……沙沙……我发现他握笔的力度看起来虽不那么用力但又不那么放松，犹如指挥家轻捏着指挥棒挥动，在素描纸上由上到下一笔笔描出淡淡的线，就这样画出几百条。铅笔仿佛在他手中获得了生命，笔触画过的纸上会出现一道道曲线，一层覆盖一层……完全看不出在画什么。随着线条越来越多，原本空白的图画纸上，开始凸显出轮廓和层次来，图像越来越清晰，最终诞生了完美的素描图。

面对空白的图画纸，我总是不敢轻易地画第一笔。但你总得提起笔，用不紧不松的握力去描绘那些若隐若现、看似毫无意义的线条。放下顾虑，尽管动笔就是了，反正这些线条都会被后面的线条所覆盖。

— 以失败为基准点 —

在与艾娜交谈的过程中，我发现了我们之间一个很大的区别。我的底线是失败，而艾娜的底线是不失败。对任何人来说，失败都是苦涩的，但是如果这种失败是能预想到的，那么结果就是理所当然的，只需要接受和重新挑战就可以。艾娜之前一直表现出色，没有经历过特别大的失败，这也可能表明，她只是挑选了风险指数小的事情来做。

— 失败并不等同于"我" —

艾娜一直在表示自己无法接受失败。她已经是30多岁的中年人,如果现在遭遇失败,风险太大。她这样想是因为把失败和自己画上了等号。原本只是"一次搞砸"的事情,她却觉得"我从此彻底完蛋了",而且这种想法会让她看起来很没用、微不足道、不完美、没有价值。一旦有了这种想法就会使自尊心受到伤害,继而陷入"我果然不行"的情绪低谷。面对失败的自己,对谁来说都是件恐惧的事情。

但是失败是诸多现象之一,应聘失败可不是"自己的人生失败"。

— 失败是过程,并非结果 —

艾娜多次用到"失败"这个词,其实在给一件事的结果定义"失败"时,由于已经有了定论,所以很难再摸索出其他出路。失败只不过是种结局,和我预想的、想要的有出入,是另一个版本的结局而已。在这个过程中我学到了什么,得到了怎样的成长,能给我怎样的启示和教训,能让我在此基础上为下一步做哪些调整……这也是一种收获。不夸大失败才能和失败做好朋友。一旦和它为友,恐惧心理就自然会变小。

— 不要畏惧恐惧 —

恐惧是人和动物都具有的普遍的本能。

其实恰恰是基于这种恐惧(如弱肉强食、食草动物聚集生活)我们才得以生存下来,创造着历史。在我看来,政治、经济、社会，这些都是人类对于恐惧的各种诠释和克服方式。不同的人对恐惧有不同的诠释。恐惧不是个人特有的感觉，而是人类普遍的情感。

有些人看似无所畏惧，其实只不过是表象而已，没有谁存在于恐惧之外。正因为感受到恐惧，才会预知风险因素，储备食物，警惕地观察周围。恐惧并不是我们需要克服或者需要摆脱的情绪，而是生存过程中伴随我们一生的自然情绪。需要注意的是，恐惧具有很强的力量，所以要时刻警戒，控制好情绪。只要不是被这种恐惧情绪牵着鼻子走，管理得当，它可以成为驱动我们人生的原动力。而且重申一下（希望能有所帮助），恐惧不是个人所有的情绪……这样说会不会在心理上平衡了一些呢？

记得第一次接触仰泳时，教练让我放轻松地躺在水面上。这……人怎么可能轻松地躺在水面上？我在经过一次次呛水、各种所谓的放松尝试后总算浮在了水面上。其实在游泳馆跟教练学游泳是不至于发生溺水事故的。我到底是和怎样的恐惧对抗呢？管他呢，反正不会死！

如果还不确定究竟要做什么……

我有一对双胞胎女儿——惟娜、海娜。小学三年级时，惟娜很迷恋学校音乐课上学的一段旋律，常常弹得沉醉其中，于是我给她买了架电子琴，因为她确实弹得不赖。我小时候也练过钢琴，所以当惟娜还不太会看乐谱时就能把一首曲子弹得有模有样，我感到很是稀奇。很快，我基本可以肯定惟娜很适合学钢琴。

这孩子喜欢有规则、可预见的事情，是个完美主义者。喜欢自己做的事情带有明确性的结果，在这类事情上她也确实表现得很出色。比如数学，它有公式，只要沿用相应的公式就能得出结论，而且不存在答案模棱两可的灰色地带，错题整理也不复杂。

从这点来看，钢琴和数学挺像。有乐谱、有音阶，按照简谱合着节拍按下琴键，就会发出预想的琴声。对于初学者来说不需要什么想象力，只要弹对了就会发出悦耳的琴声，弹错了就会发出不和谐的刺耳琴声。所以，惟娜并不是能弹奏从未学过的陌生曲子的天才琴童，只能说弹钢琴是适合她气质的一个选项而已（很多时候家长会把这误认为是孩子有弹钢琴的天赋）。

与此相反，海娜对于能预见答案的事情不太感兴趣。比如数学，只要套用公式就能得出标准答案，这让她觉得很乏味。所以她有时候做错数学题并不是由于不会做，而是失去了兴趣，她在做题过程中因不那么专心导致出错的时候更多。

而对于创意性的事情，海娜非常感兴趣，比如写文章、画画、拍摄音乐视频等。给她空白的A4纸，她能不假思索、洋洋洒洒写下三四页。海娜在小学四年级时写过一篇题为"仓鼠的一天"的文章。以仓鼠的视角，写它是如何在半夜逃离笼子，在厨房和客厅探险，在遭遇睡梦中的人类后若无其事地回到笼子里，在清晨和她互道早安的。情节离奇而富有想象力，读来饶有趣味。有一次老师在课堂上说地球是圆的，海娜不服气地拿起地球仪反驳老师的观点，有理有据地主张地球应该是凹凸不平、不规则的才对。她是个敢想敢做、古灵精怪的孩子。

我希望孩子们能找到符合自己气质的工作。因为只有符合自己的喜好，才能从工作中体验到快乐，而且唯有带着热情去做才可能把工作做好。

有一次公司召开创意交流会，一个组员大概因为看着我津津乐道的样子感到费解，抛来一句："您觉得这工作让您快乐？"

我说"是啊"，结果他说的下面这句话让我突然意识到从未发觉的一面。

"工资是员工从事枯燥工作的回报。您觉得这份工作能带给您快乐，看来您得给公司支付工资才对啊。"

啊，这话听着好像也没错啊，但让我感受到了几分苦涩。从事枯燥工作的回报……

刚入职谷歌时，我怀疑过设计师这份工作是不是真的适合我。不仅要负责一个项目，要经过不计其数的说服和争论，部门之间还不能示弱，要暗暗竞争，需要各种协调、沟通……总觉得这些与自己的性格格格不入，我天生讨厌紧张氛围。有些人可能很享受那种硝烟弥漫的职场氛围，享受获胜的快感，但我不是。我平时连看体育赛事都不怎么看现场直播，而是等比赛结束分出输赢后，以放松的心态看回放。好在设计师这份职业需要讨论、协商的成分不多，不然我可能早就辞职不干了。

有一次，一个职场晚辈问我10年后会不会继续从事设计工作。我喜欢研究人，对构成人类内心的原始心理，以及这种原始心理所表现出的行为、人类的幸福来源、驱动群众的力量等领域非常感兴趣。在工作上表现为仔细观察用户群，查看用户对试制品的各种反应，思考为什么特定试验组会做出不同反应，然后反复研究、修订和测试，观察它所引发的社会、环境、认知等领域的反应。整个探索过程能让我保持高涨的热忱，我觉得设计师这个职业很适合我。

至于10年后我是否还冠有设计师的标签，这个我不清楚，但有一点我能确定，我肯定从事着与研究人相关的工作。可能是婚礼策划人、导游、文化中心讲师……

在纠结从事什么行业、入职什么公司、具体做什么工作之前，首先要清楚自己是什么性格、什么气质的人。了解了自己的气质和性格后，再进一步了解自己擅长什么、喜欢什么，那么可选择的工作范围会更广阔，选择会变得更简单一些。没必要在自己擅长或喜欢的事情上孤注一掷。重要的是正确理解自己为什么喜欢这份工作，优势是什么。如果对自己能做什么感觉茫然，那么请从自己身上游离出一个"我"，以旁观者的角度审视一下自己，认清自己的气质和性格。

但愿读者们不会对我所说的职业乐趣有误解。我认为一个人对自己从事的工作如果能获得10%的快乐，就称得上是一个理想的职业。在我看来，所谓理想的职业包含10%的快乐、60%的不痛不痒、30%的厌倦成分。有人或许会反问：一份工作只有10%的快乐，还怎么做下去？一周有40个小时工作时间，10%的话仅有4个小时的快乐啊。那么我想请问一下，在这一周当中是不是真有4个小时是快乐工作的？如果有，那么您当前的工作真的称得上是理想的工作了。

只是大部分人都感觉不到这4个小时的快乐,有点遗憾。如果看不到小快乐,只追求40个小时全程快乐的工作,我只能说这是天方夜谭了。抱着这种痴想步入职场,不是头戴一枝花的东莫村傻丫头,就是小丑,该醒醒了。

一次成功不如百次失败

我比较擅长命题类、程序化的考试:画画的时候一律先画一个大大的圆框,再去画内容;或者把调制好的水彩按涂色顺序依次放到颜料桶里提前备好……任何命题我都能从容应对和完成。可能在老师看来,这就是一种发挥稳定的表现,绝对是适合考试的学生。但我对每次毫无惊喜、千篇一律的作品感到失望至极,这些作品毫无创意可言。我对自己跳不出这个框架感到羞愧。

有个男生和我上同一个画画班,他和我刚好相反。有时候他的作品一塌糊涂上不了台面,有时候他不能在规定时间内完成作品,而有时候又出人意料地画出令人称奇的创意作品。新颖的主题诠释、前所未有的线与面的搭配、天马行空的色彩组合……我看到那个画友的作品时,仿佛懂得了《莫扎特传》电影中萨列里的嫉妒和沮丧。一想到我没有天赋,我就很是懊恼:懊恼自己当初选择了设计师这条路,不停地嘲讽、挖苦和伤害自己。当初我信誓旦旦地选择了设计师这条路,现在看来,无论是我的天赋还是后天能力都远不能托起我的梦想。

上了大学后，新的考验扑面而来。大学的设计课没有什么可参考的公式和标准答案，也没有什么参考书。

老师每次都是布置模棱两可的主观课题，让学生完成设计作业。这样一来，我所擅长的应试技巧就变得无计可施。我偏偏又是个眼高的人，不甘心做不好课题，于是常常熬夜较劲。大把大把的时间都被耗费在了"酝酿"环节。常常是一片空白不敢下笔，干耗几个小时；好不容易画出线条又是几个小时，怎么看怎么别扭，就这样在折磨中煎熬……眼看着天蒙蒙亮才慌了手脚，一顿草草收尾后急忙去上课。更让我无语的是，自己的作品明明拿不出手，但在听到其他同学发表作品时，内心还要给那些作品一一做点评，而且基本都是差评……

"啊，就这水平，1个小时就能搞定了……这也叫设计？这也拿得出手？"

啊，这就有点过分了，好像我原本有着了不起的构想，只不过因为时间有限才交的半成品，要是时间充足，肯定是惊艳全场的设计作品一样……

这样过了4年我才醒悟并开始接受一个事实，就是我并不是天才设计师，即便给我充足的时间，我也拿不出像样的设计作品。我所想象的那个了不起的我，只不过是错觉，是一种假象。如果一个人4年从事同一件事却无法拿出像样的作品，就不能说是由于时间不充足，而是自身实力就在那个水准上。

后来在现场积累实务经验的过程中，我醒悟到：抱怨自己没有天赋，想象着有朝一日自己突然设计出完美的作品，却对当前的自己盲目自卑（眼高手低），对他人的作品评头论足、随意贬低，要么就是盲目羡慕别人……这些都是没有意义的事情。如果没有天赋那么可以靠勤奋弥补，相比庸人自扰，实践和行动可以锻炼和造就自我。人活着要把焦点放在自己的人生上，而不是对他人的人生指指点点。

　　自我贬低不可取，过于自负同样也不明智。给自己背负枷锁、认定自己一定要出人头地，这些都是不该有的想法。我们不过是吃五谷杂粮的凡人，不可能一朝一夕就灵感闪现，也不可能不费吹灰之力就成为达人。这世上没有谁是一出生就会攀登珠峰的，必须尽早认清和接受这个事实。"今后我可能还要经历几十次，啊不，可能几百次的失败。"如果这样想，内心就不会那么焦虑了。我们就当眼前有1000个箱子，现在要做的就是排除这一路挡在前面的999个空箱子、烂箱子，直到最后拥有一个真正的宝箱。这样一想，前面的999次失败似乎是理所当然，也就不会有什么压力和负担了。

　　"横竖都是失败，大不了拼一拼，管他成与败！"

　　如果一件事情的结果并不理想，不妨安慰自己："没关系，还剩99次失败的机会呢。"

　　相比1次成功，99次的失败更能锻炼人，所以不要畏惧失败。经历过失败才能认识真正的自我。我觉得在大学时之所以整夜愁眉苦脸，画不出一笔一线，并不是因为害怕失败，而是害怕直面自己。

　　剥开华丽的外壳，直面真实的自我。无论外壳是深厚的资历，还是周围的期待，或是亲手为自己戴上的假面，都要敢于抛开，直面真我。这将成为新的起点。一旦确定了立足之地和基石、起点，就只剩下在上面盖房子了。这样盖出来的房子，无论刮风下雨都会稳如磐石。我们总是畏惧失败、烦恼、彷徨，是因为还没有遇到真正的自我，唯有直面自我才能造就自我。

身边偶尔有这样的人，读了硕士、博士之后突然对将来做什么感到茫然。这类人一路走来，是因为脚下有路所以才走在路上，至于这条路是不是属于自己，则从没有认真思索和回顾过。对于他们的这种困惑，没有谁能够给出答案。自己的问题只能自己去寻找答案。值得庆幸的是，我们任何时候都可以暂时驻足去直面和思考真正的自我。如果认识了自我，且确定了起点没有问题，那么不必为已经建造的房子惋惜，再去盖一所新的房子就好。房子虽然换了，但是在盖房子的过程中积累的实践经验却是自己的，千金不换，谁也抢不走。有了这种宝贵的经验，以后重新盖房子时会变得熟练许多。

我是如何找到喜欢的工作的

"你打算将来过怎样的生活？做什么工作？"

思索这两个问题，是我们在这动荡起伏的世界砥砺前行的定心丸。可能这句话听着过于老套和平常，但是如果问我有没有别的建设性的劝告，我也说不出，除了那句："去做自己想做的事情！"

我曾问身边人的理想是什么，"当个救死扶伤的医生""做个YouTube主播""入职谷歌"……嗯，都挺好。但是这些理想大多很容易被动摇而化为泡影。因为这些职业憧憬仅停留在构想阶段，对于怎样落实并没有做出具体规划。于是我们很快会感到空虚茫然，不知道下一步该做什么。更大的问题是一旦这个目标不能实现，我们就会认为是人生的失败。其实我们在谈论理想这个话题时指的是人生价值的实现问题。

我是家里最小的孩子，上面有两个哥哥。小时候爸妈喜欢叫我"狗蛋儿"。可能在他们看来，这是对于家里唯一女孩子的爱称、昵称，但我很反感被这样叫。对于两个哥哥和我，爸妈总是不太一样，仿佛对我并不抱什么大的希望，到了后来我才知道原来因为我是个女孩子。我如果考试没有达到父母期望的分数，肯定要被数落一番："我就知道会这样。女孩子就是不如男孩。"他们这种想法倒是让我免去了被骂一顿，但并没有让我感到庆幸，这种偏见带来的反而是劣等感，伤了我的自尊心。而当我为了能被父母认可，得到他们的一句表扬，通过努力学习取得好成绩时，他们又会说教："可千万不能骄傲啊。不要觉得是你自己优秀才考得好，这都是上天在帮你才会这样。"我考试考不好是因为我是女孩子，考试考好了就是上天在帮忙？在我懵懂无知的年纪里就已经有了太多的疑惑，总会去想我的存在到底有着怎样的意义？

初一期中考试，我美术考了满分。这次考试纯粹是考核学生的实际技能，美术老师对我的作品的评价是无可挑剔。对于平生第一次听到的赞美，我有点不知所措，也感到很是新奇。

"原来我也有擅长的……"

那时我心里燃起了对美术盲目的火花。

每次搞活动,高中部一个前辈都会张罗各种场地装扮、制作小册子,他的字体洒脱,海报也能轻松搞定。他的手所到之处,原本单调的墙壁立刻会变得生机盎然。暑期但凡有节日,他都能把氛围烘托得妥妥的,犹如神笔马良一样。我主动充当前辈的助手,跑前跑后做打杂的工作以协助他。而且这时,我有了自己的理想。

"将来要做能照亮这个世界的工作!"

升入高中后,将来要考美大的想法越来越强烈,但父母肯定不会同意。要说理由:首先,女孩子要有女孩子的样子,文文静静的,将来好嫁人;其次,将来做个画画的,不伦不类,这肯定不行;最后,供你上美大?供不起!前两个理由我倒是可以想尽办法说服父母,但是最后一条关于金钱的问题,以我的能力是无论如何都无法解决的。刚好这时,美术教师发了个广告:学生可以交低廉的学费在学校美术室接受考前专业辅导。我预感到机会来了,一旦错过以后绝对不可能有第二次。

好不容易鼓起勇气跟爸妈提了我的想法,果不其然,他们坚决反对,理由也是我所想到的那些。但这次我并没有示弱,我抗议:"难道每个月连10万韩元都不能投在我身上吗?""难道我家穷到这个钱都拿不出吗?"情急之下我确实口无遮拦。我知道家里条件并没有那么不好,只不过是我没那么重要罢了。看到我不吃不喝、泪眼相求,妈妈提议:"哎,这事儿我也拿不定主意,你去说服那两个男人吧。"

这两个男人,一个是我上了名牌医科大学的大哥,另一个是我的班主任老师。我有点不明白,为什么我的重大事情要征得两个男人的同意,但是我必须趁妈妈退一步时抓住机会,而不是继续跟她对峙。

"哥,你就成全一下你妹吧!"

说服大哥没费什么力气,很顺利。班主任老师说考美大也不能让成绩落下来,如果这次期中考试能考入班级前几名,他就同意我考美大。我考了不错的成绩,向班主任老师证明了我可以。妈妈终于不再反对。

正因为是把家里搞得鸡犬不宁才换来的机会,所以我自知绝不能喊苦喊累。因为一旦我喊累,家人就巴不得让我放弃。我不能让他们多一个把柄,我可不想再听那句"我就知道,女孩子不如男孩"。我一定要证明自己可以,证明自己是正确的。

这就是我过去25年来能坚守职场的底气。所以,遇到山就会理所当然地认为咬牙翻过去就可以了,从没有想过"难道这条路不属于我",也从不会想到退缩和放弃。现在在这里码字写书,也是我当年立下的"为照亮世界而活"的诸多梦想之一。

将来结束设计师的工作隐退江湖,我也希望能做其他照亮世界的事情,一直到离开世界的那一天。

经常遇到迈入40岁后感到困惑和焦虑的人,"将来做什么?"其实40岁之前,跟着主流走就基本有清晰的选择。比如,在研究领域读研、读博、做博士后,这一路不太需要为选择苦恼,时间会很快按部就班地过去。就算是上班族,在40岁前的10—15年,都不必太为将来而担忧。

问题是然后怎么办?当初和我并肩同行的人不可能都成为CEO,总有一天大家会朝着自己的梦想各奔东西。如果从来没有认真思索过我是谁,将来想要什么样的生活,将来想要做什么,到时可能真的会陷入崩溃当中。

而且到那时,父母也不会再像我们年轻时那样在耳边唠叨:"有什么好考虑的,继续读博啊!""哎呀,去大公司上班啊!"成年意味着自己面对问题,所以这时我们只能独自思考40多岁的人生问题。如果不想在那一天到来时突然陷入绝望和无助,就从现在开始考虑自己将来想要做什么。做自己人生的掌舵人,世上没有谁能为你挡风遮雨一辈子。

一旦开了头,总会有办法可以好好收尾

经过孤独、凄凉、漫长的复读时光,我终于考上了梨花女子大学生活美术(视觉设计)系。大三分专业时,我们系被更名为"信息设计系",并增加了计算机图形课程。在当时,具有计算机图形操作功能的苹果电脑售价比一学期的学费都高,所以大部分学生是轮番用学校微机室的电脑完成课题的。

对于家里帮我买电脑这件事,我没什么太深的印象,这说明当时家里应该是没怎么反对就同意给我买了。我爸这人花钱比较抠门,据他回忆,当年他是看在女儿信誓旦旦地说将来要如何出

人头地、如何还电脑钱的分上才同意的。难道是我这一誓言刚好勾起了爸爸好赌的本能？哈哈。（我是后来才知道他是用银行贷款给我买的电脑。毕竟在当时，我一学期的学费大概是250万韩元，而那时买的Mac（麦金塔）四核处理器电脑连同显示屏加起来高达400万韩元。）

就这样，大三那年春天我有了自己的电脑，从此我如饥似渴地钻研各种电脑画图工具。在当时，由于麦金塔电脑专业性强、价格高，用户不多，能学的资源也极少，所以我是靠翻看说明书菜单，加上无畏地敲敲打打才了解它的性能的。但一个人的琢磨和探索毕竟能力有限，于是我加入了麦金塔电脑俱乐部。在这个群里，有职场员工、大学生一族、各种专业和领域的人，大家都有一个共同的特点，就是关注麦金塔电脑。每周大家聚集在一起，互相交流信息，研究不同的主题。我成了"电脑图像小聚"的负责人，主要工作就是负责主持每周的研究交流活动。那时一直是平时拼命啃电脑知识，到了周末用临时抱佛脚的知识为成员们讲解新的知识点。尽管如此，那种成就感依然令我自豪。

1994年5月，有人建议我为麦金塔电脑俱乐部的普通成员和学生开展电脑图像讲座。我当即爽快地答应下来，没做任何推辞或谦让。"我来！"就这样，我成了弘益大学暑期特殊班电脑4节课（PS、插画、上色、油漆桶工具）的讲师。

在合同上签完字，晚上回家后我才意识到这个任务的严峻性。以我的实力，根本达不到收费讲课的科班一线讲师的能力。靠闭门造车学来的那点知识和麦金塔电脑俱乐部积累的经验，怎么可能应付每天的正式讲座？想想都后怕。唉，都是被自己的急性子害的，此时的我才意识到自己可能闯了祸。大三暑期两个月我时常被各种噩梦缠绕，睡梦中出一身冷汗。梦的内容大同小异，有时候梦见自己两手空空、毫无准备去上课，然后胆战心惊，担心会不会被轰下讲台；有时候是被学生要求全额退学费；有时候是大家都不来上课，我一个人像光杆司令一样站在讲台前……我开始彻夜挑灯拼命看专业书，尽我所能备课，一切为了确保第二天的讲课万无一失。那段时期我嘴上常挂着："疯了！疯了！"每天都过得生不如死。这样2个月之后，我觉得自己经历了一场魔鬼特训，成为业务能力过硬又全面的特种兵。果然想要给学生一滴水，教师必须要做源源不断的长流水。

每次我都是抱着紧张不安的心情去讲课，好在学员的评价一直都比较好。就这样，那年寒假我继续讲了2个月的电脑课。当然，基于夏天的经验，我这次就没有第一次那样狼狈和毛手毛脚了。

我们时常忽略一件事——

"时间在流逝。"

这个简单不变的事实，对我来说是一种慰藉、一种刺激、一种解决方式。不管我们做与不做，时间都会流逝，对谁都公平。从我的一贯做法来看，很多事情不需要顾虑那么多，直接去做，然后尽力做好它。这样的话，时间流逝后总会有一个结果，无论成与败。所有事情都是开始阶段费劲，困难重重，当你把它推进下去时，就会发现从中得到历练和成长的是自己。

所以尽管去闯荡吧，凡事有了开头，就会自然生出完成它的动力。真的？真的！

机会总在尚未准备好时突然来访

1995年，利用大四寒暑假，我在三星SDS（数据系统）做实习设计师。当时正在着手筹备有线电视VOD（视频点播）示范工程，我主要负责电视节目菜单画面的设计工作，有点类似于现在的奈飞（Netflix）服务，可想而知，三星在这一点上超前了许多。

后来我还在一家小规模的IT风险公司做过兼职，当时是制作"徐太志和孩子们"网站，也就是后来Daum传播（韩国门户网站）的前身。在这个过程中，我深深被网页设计和交互通（交互作用）设计的魅力所吸引，并深陷其中。没有人要求亦没有人监督，我每天都沉迷于制作和设计当中。对这些我就是说不出的喜欢，而且当我制作出想要的图像效果或者解决了高难度的编码问题时，那种快感爽到心底。

网页设计师不用为确认设计效果往印刷厂跑，也不用花费很多成本，这些都让我感到很开心。修改印刷品设计方案时，需要把当前的产品作废后重新制作，但是网页设计的修改环节很方便、简单，而且能独立完成编码，这些都令我兴趣大增。

在操控电脑方面，我有足够的自信。虽然是冷门行业，也没有懂行的前辈指点，这多少令我心里没底，但是另一方面，对于做全新的事情我会非常起劲和兴致勃勃。因为我可以按照自己的方式来，也不用听谁指指点点……后来意识到，我所具有的赴汤蹈火、天不怕地不怕的挑战精神可能就是从那时开始的。

令我头疼的是，那时需要网页设计师的公司并不多，就业成了问题。当时视觉设计专业的毕业生大多会应聘大企业的设计部门、广告公司、印刷设计师（设计图书、包装、LOGO、插画等）等职位。

在这里曝光一下我的黑历史。大四那年12月，临近毕业时我受到实习部门的内部推荐。我给三星公司投了简历并参加了招聘，结果被刷了下来，我原以为自己成功应聘的概率很高。

比如跟其他人相比，我有着内部项目的经验，还有部长的推荐，这些资历是比较符合三星历来招聘女员工的标准的。

当时落选，我分析有两点原因：一是英语实力不够，二是面试搞砸了。当时面试的情形我还记忆犹新：4名面试官同时面试4名应聘者。面试官问的是一本书的内容，第一个应聘者误解了面试官的提问，回答的是令自己最感动的一本书（事后我觉得他的回答可能是提前准备好的答案）。我是第四个。我听着第一个人的答案，当时还在想他"完啦，没戏了"。到了第二个应聘者，回答得跟第一个一样，讲的还是令自己最感动的一本书。

"咦？怎么回事？"

第三个应聘者还是同样的回答："最让我感动的一本书是……"

我突然开始不确定了，难道是我听错了面试官的提问？轮到我时，我已经明显不确定也不自信了。

"最让我感动的一本书是……"

就这样好好的一盘棋瞬间毁了。这次也彻底让我吸取了一个教训：盲从他人就会让人生开始事事不顺。

我的三星SDS就职机会就这样惨兮兮地化为泡影了。而这时陆续传来好友们就职的消息，我开始坐不住了。难道是我的选择错了？难道我想走的这条路根本就行不通？这时《数码朝鲜日报》多媒体事业创办的分公司刊登出招募第一批员工的消息。这对我来说无疑是千金不换的机会。我开始琢磨怎样才能更好地推销自己。苦思冥想下，我最终决定用CD提交个人作品集，而不是以印刷品的形式。我采用游戏菜单模式做选择菜单，切换出相应内容，按功能添加附加页面，一套操作完美流畅、毫无死角，最终提交给甲方。很快我就收到了进入最终面试的电话。在电话里，面试官问了我许多问题，包括那个CD是不是本人制作的等。我隐约预感到，这次肯定是通过了。我的第一个职场生涯就这样开启了。

1996年《数码朝鲜日报》第一次公开招聘的第一批网页设计师——我的第一个工作标签。入职后我在IT部门责任记者那里学到了网页编程技术。我接受新技术比较快。

有一天，在CJ设计师部门工作的大学前辈告诉我第一制糖网站正在改编，打算筹备制作一个网购平台，设计部门缺少一个有网页设计经验的人。我接受了前辈的提议，在入职20个月之后提交辞呈，跳槽到第二个职场——CJ制糖。

那时的我开始考虑职业生涯规划。虽说从事业务工作2年后能参与这样大的项目令人热血沸腾，但是对于什么才是一个好的设计仍没有清晰的概念。如果是与销售相关的产品，必然会以销售额的形势判断成败。但是设计的好与坏却没办法有一个明确的界限。何况当时对那家企业来说，网站只是起到了配套辅助作用而已，不至于有致命的影响。当时设计部门的工作运作模式非常随意，就是几个设计师凑在一起探讨哪个设计方案比较赏心悦目，然后按照标准进行，当最终的设计结果与期待值相符时就会感到满足和开心，仅此而已。什么是好的设计，依然是一个需要深入研究的问题。

1998年春，男友收到来自美国研究所的入学通知书。我也很想出国学习和深造以提升个人能力，但是那时我刚投入新的项目，每天疲于加班熬夜，以当前的情况留学深造对我来说根本就是不可能的事情，我只好提出分手。毕竟这个年纪也不急于婚嫁，我也没有裸辞赴美留学的魄力。曾经山盟海誓幻想一起步入婚姻殿堂的男友，并没有用求婚挽留我，而是同意了分手。

有些事情唯有经历了才懂得。4年6个月的恋爱远比我想象的更彻底地渗透到我的生活中。无论我走到哪里、做什么，都会有他的影子，分手1个月后我们重新和好。由于当时我们想的是先举办婚礼然后去国外留学，所以一切从简。

这个匆忙的婚礼着实惊吓到了两家父母。婚礼结束后丈夫打算8月份开学前出国，以开始秋季课程，而我那时还无法辞职跟随他一起出国。所以草草举办了婚礼后，丈夫前往美国，我则独自留在娘家开启了一个人的新婚生活。万万没想到，我们这种情况很快在小区传开,变为人们茶余饭后的谈资。

"听说那谁家姑娘被婆家冷待了。两周前刚办完婚礼,就一个人回了娘家。你说这算咋回事啊……"

妈妈后来讲起这件事时我听得哈哈大笑,怎么就成了狗血电视剧里的悲情女主角了呢?

结束网购项目后,那年11月我也踏上了飞往芝加哥的飞机。妈妈觉得我在国外人生地不熟的,到了地方也顾不上第一时间购置生活必备品,所以为我准备了各种家当,该带的不该带的准备了一大堆。可是我已经有不少行李了——花巨款买的麦金塔电脑、各种设计资料、要看的专业书、我的作品集等,即便不带显示器,至少电脑主机务必要带过去。这些家当对我来说无异于赶赴战场的枪支弹药。一番准备下来,要带的行李严重超标:移民包裹四大件、双肩包一个、装有台式机的登机箱一个、妈妈当天起早帮我腌制的泡菜……就这样,我像战乱国难民一样背着大包小包登上了飞机,驶离金浦机场。我也不知道当时哪来的"洪荒之力"。

远离韩国的忧愁、离开父母的万般不舍、对于未知世界的憧憬和激动……一路上我无暇感受这些,忐忑不安地担心着落地后如何顺利通过美国的入境审查。经过漫长的紧张和不安,当结束入境手续找到行李,终于看到前来接机的丈夫时,我虚脱般瘫坐在地。那年我27岁,在跌跌撞撞中开启了全新的异国生活,也迈出了人生独立的第一步。

英语成绩一团糟却敢申请美国名牌研究生院

在我的印象里,爷爷是出了名的"吝啬鬼"。在那些艰难的年月里,倘若不是他吝啬抠门是无法养育11个孩子的。当然,这也是我成人后才恍然醒悟的。小学时,每当我放假去爷爷家,他就会口头禅一样念叨:"人要吃饭就得干活。"然后就打发我们去果园、牲口棚干各种零活。我爸也不例外,常常对我们说:"人不能没钱,得努力挣钱。"

在这个家里,一家人的吃喝都靠爸爸的工资,所以他在家里有着绝对的权威。按照他的说法,这就是金钱的力量。

但对于年幼的我,这些无疑是很伤人的话。"为什么大人总喜欢拿钱在孩子面前说大话呢?自己生的自己养不是天经地义的吗?"爸爸给我们零钱时,每次都不忘说一句:"这钱是我的啊。"这样至少有上百次。也正因为如此,从小到大我对于挣钱的渴望特别强烈。总觉得除非是自己的钱,别人的钱用着总觉得不够理直气壮。

想要在美国挣钱就必须早一点研究生毕业,然后去公司上班。我读研究生不再是为了提升自我,而是为了在美国生存才不得不去做的事情。务实是非常重要的人生态度。当挣钱成为必选项时,看待工作的心态自然也会发生改变。当你意识到照顾全家(或自己)成为沉重负担时,就会想方设法寻求谋生的方法。所以,对待工作持有怎样的心态,这一点尤为重要。如果工作是为了自我价值的实现,那么这份工作做不做问题不大,但是为了吃饭是无法不去做的。我认为吃饭这件事非常重要。这既意味着对自己的人生负责，又意味着成长。

在美国，我必须想方设法寻找谋生之道。对我来说这里的一切都是陌生的：第一次和西方人接触、第一次面对美国的硬币，无不让我感到别扭。活了几十年，突然成了连自己身高是几英寸都不知道的大傻瓜。丈夫去上课时，我独自留在公寓里，刚开始几个月闷在家里连出门都成问题，因为一旦外出遇到人，就会面对热情的人向你打招呼，而且用的是美国中部特有的地方英语："How's it going?"也就是"How are you?"的另一个版本。

我用了整整一个月的时间弄清了"How's everything?""What's up?""Howdy!"都是"How are you?"的另一种说法，然后又用了一个月，学会开口："I'm fine."

丈夫做研究所助教挣的工资虽然不多，但足以支付公寓房租，维持基本的生活。这种情况下，我也不可能自私地交昂贵的学费去语言学校上英语课。

经过一番打听，我了解到芝加哥的社区学院（两年制大专或兼有继续教育学院职能的市立教育机构）提供免费的英语课程。在那里可以每天上四节英语课，这对我来说无疑是"久旱逢甘霖"一样的机会，我便开启了来到美国之后的第一段所谓的社会生活。

我在这个社区学院学习了一年左右。在我上的免费英语课上南美的移民学生居多，而我觉得这恰恰是最好的安排。因为没有韩国学生，所以想要跟同学们沟通我就必须使用英语。

我最初的英语水平简直惨不忍睹。除了英语对话一如既往地难以外，周一英语课上每组需要做一个简短的自由讨论，跟搭档交流自己在周末做了什么，这对我简直是一种折磨。尴尬的微笑，游离不定的目光……无不暴露我的恐惧和不自信。就这样硬撑了几周后，我觉得自己再也不能这样下去了，于是准备了一句话："I went to church."

我觉得自己能完全搞定了。

周一上课，终于迎来了对话环节。我的讨论搭档问我周末做了什么，我胸有成竹地把准备良久的那句话一板一眼地说了出来："I went to church."

这句话说出来后我觉得无比欣慰和自豪。没想到同伴问道：

"哦，是吗？那你的宗教信仰是什么？"

啊？在韩国但凡是去教会的，理所当然意味着他是基督教徒，去寺庙的当然是佛教徒，去圣堂的当然是天主教徒（说到这里我第一次意识到我们在说宗教时并不是说宗教本身，而是说去什么建筑，竟然有点像出席什么场合一样）。我瞬间慌了。

"啊！这……去教会当然就是基督教徒，怎么还问我是什么宗教信仰呢？"

我只觉得脑子一片空白，就是想不起"基督教"一词用英语怎么说。隐约记得应该是首字母为P的单词……罢了罢了，我只能回答："我不知道。""哦，那教会在哪儿？"我的搭档继续问道。啊，我不明白他怎么会有这么多问题，而且每次都能难住我！

"位置应该怎么说呢？"

"to"的不定式和关系代词在我的脑子里混乱地交织着，一时什么也想不出,我又回了那句万能的:"I don't know."

啊,天啊!从小到大都做礼拜,莫非我是被绑架去的?去教会却连是什么宗教、在什么位置都说不出……这和周末被拉去农场干一天活回来有什么区别?还好那个搭档没再问别的问题,而我早已又窘又丧,再也快乐不起来了……

回家后我跟丈夫说起课上发生的事情,问他基督教用英语怎么说,他回答"Christian"。瞬间我在心里喊了一百遍:"Oh my god! Christian!"没错,我是基督徒啊!在娘胎里就听惯了的那句话,我愣是想不起来,竟然回答人家"I don't know",简直让我无地自容。啊,我真是笨到家了!

我一边啃英语,一边申请研究生院。值得庆幸的是,芝加哥有我中意的三所研究生院。问题是我的托福成绩不理想,不知道为什么,只要考试我就会犯英语恐惧症,把考试弄得一团糟。但这并不妨碍我申请研究生院的意愿。留学前辈劝我去找教授求情,说在校区的外国留学生要求面谈,应该不会有哪个教授拒绝,而且学校也需要生源。我觉得自己必须做点什么,于是直接到那三所学校进行自我推荐。我有点"病急乱投医",用蹩脚的、上不了台面的英语,卖力地进行自我推荐,希望能被录取。结果三所学校中有两所不予通过,只有伊利诺伊理工学院(Illinois Institute of Technology, IIT)设计研究所向我发来了2000年春季入学通知书。这是我来到美国后时隔1年拿到的录取通知书,令我感慨万千!

收到录取通知书时,我顾不上开心,制订了一套学费筹备计划。一学期的费用大约是1万美金，爸妈给了我1000万韩元，第一学期可以用这笔钱；我自己在韩国工作时攒下1000万韩元，可以用于第二学期；第三学期可以在美国实习；毕业那年的学费，可以用学费贷款解决。人算不如天算，当年由于IMF（国际货币基金组织）外汇危机，汇率一直高居1000韩元以上，我迟迟无法兑换。眼看要交学费了，汇率高达1300韩元，如果这时兑换等于整整少了300万韩元，而我已经无法再筹集到钱了。IIT设计课程没有开设学士课程，所以没有助教职位；设计类专业的研究所也不设定助教职务，奖学金也不多。

我只好给校方写信说明情况。信中我写道："本人已经在芝加哥，并拿到了录取通知书。当前由于韩元汇率问题，本人学费不足，希望能申请到奖学金。"此外，我还信誓旦旦地写到研究生毕业后，在美国立志做一个什么样的人，以及将来的成就会为学校带来怎样的荣耀。人被逼到绝处都能发挥潜力，我那蹩脚的英语此时像能飙一口流利的方言一样写得洋洋洒洒。几天后校方回了邮件，称可以援助30%的奖学金。这金额刚好是我目前凑不足的300万韩元。自助者天助！果然，很多时候要不计后果地全力以赴争取。成就成，不成也亏不了什么！

30岁，心有多大，舞台就有多大

19岁的我面临高考，每一天都如履薄冰，仿佛只身穿过一条看不到尽头的隧道，我能做的就是本能地走出那条隧道。只要走出这条隧道，我就可以成为一个大人，凡事由自己决定。正是这种想法让我心神荡漾，推动着我机械地前行。

29岁的我，在美国这个陌生的国度开始了第一份工作。虽忐忑不安，但有着对全新开始的激情和热忱。那时公寓的家具虽是陈旧的，但我的内心却很充盈，其中一件"黑色星期五"购买的20美金的小椅子，让我开心许久。刚到美国不久，而且是第一次谋职，所以面对拮据的状况心态也能很好。就像韩剧《鬼怪》里所说的那样，"虽不是每天都是美好的一天"，但是我觉得29岁的我，还不错。

到了39岁，内心有了掩饰不住的不安和焦虑，而且对于即将跨过的40岁门槛怀有莫名的恐惧。按理说应该是"四十不惑"才对，而我依然太容易动摇，却又说不出为什么。就算不是按照惯例与20—30岁的年轻人一起被划分到青年群体，但打死我也接受不了加入40—50岁的中年群体。美好的韶华眼看就要一去不复返，从此不得不退居幕后，这种想法时不时地折磨着我。

其实不仅仅是年纪问题。过去几年因为养育着双胞胎，我每天赴汤蹈火如同打仗一般，如今孩子们上了幼儿园我也终于能喘口气，却在不知不觉中竟然已经39岁。在20岁的年纪，我有足够的实力能比任何人快速接受和掌握新的计算机工具和技术。即便在35岁之前，我也一直对自己在职场的能力有着莫大的自信。但这39岁的年纪，让我处于一种尴尬的境地。公司陆续进来的职场后辈们各个实力出众，而我将来要企及的高度（主要是美国人高管）让我望而生畏。"是不是我走到尽头了？" 39岁那年，我基本是抱着这种颓丧且伤感的想法度过的。

这时，我遇到了老洪（出于便利，暂且称这位老人家为"老洪"好了）。当时他已77岁高龄，人很勤快，而且睿智，看待任何事情都很豁然。得知我的苦衷后他缓缓开口：

"我在60岁那年退休，当时心想，这辈子也算是大功告成了，可以放下那些功利，好好安享晚年了。但现在回想起来，60岁其实也是意气风发的年纪。如果我年轻10岁，重新回到60岁，我希望能去尝试更多新鲜的事物。40岁这个年纪对职业生涯来说，是如花一样绽放的年纪。20岁的时候，可能什么都是陌生的、笨拙的；30岁的时候，稍微懂了一些，但能切实行使的权力非常有限；而到了40岁，年纪有了，责任和权力也有了，可以做一切想做的事情，站在船头振臂指挥，此刻正是在重要职位发光发热的年纪。有什么梦，就尽情去实现吧。"

听到前辈的肺腑之言，我被他的鼓励和箴言深深打动。那句"如果我年轻10岁"的懊悔话语，让我如醍醐灌顶。39岁的年纪，一直杞人忧天，担心会不会成为没有价值的人……这些想法是多么愚蠢。当我看开了、摆正了心态时，就可以更为淡定、从容地面对40岁了。

如今，我已经49岁了，马上就到了"知天命"的年纪，也努力做了一些心理准备，好让自己能够尽量淡定地迎接"知天命"的年纪。相比39岁时的猝不及防、坐立不安，49岁的我比10年前要淡定许多。我给自己做了一份5年计划，制订了待做心愿清单。虽不了解天意，但是想尽可能遇到更多的人，聆听更多、学习更多。这样的话,至少能在充实和自信中迎来50岁……做事情最好的时期莫过于从此刻开始了。49岁的我,就像19岁一样心神荡漾。

在79岁那年,老洪开着房车去了北欧。2013年,他在看了一档人气综艺节目《花样爷爷》后,找了志同道合的两个同伴,借了辆房车,三位爷爷便结伴开始了欧洲游。他们平均年龄75岁,还少了电视里负责扛行李的李瑞镇,全程只能靠他们自己。

这种执行力的确令人钦佩。一路上他们会时不时地发送名为《挪威先驱报》的简讯,下面是其中一个。

第一天晚上就闯大祸,露宿在利勒哈默尔。

我们兴致勃勃地收拾行李,在导航仪里输入第一天夜宿的露营地后,便驶离机场,上了E6高速,一路向北。

顺着导航一路行驶,车开到了一条偏僻的路上。奇怪!明明是按照导航仪指示开的,怎么会开到幽灵出没的湖边呢?我们只好掉头,但谁也没想到会陷进一个陡坡草地,车辆直接侧翻在地。我们看着车轮在半空空转,顿时都傻眼了。当时已经是晚上9点,四周渺无人烟,夜晚开始降温,我们都感到了绝望,决定去临近村子求助。敲门时一位大婶走出来。我们央求她援助一下,于是她开始给村里其他人一一打电话,看看有没有谁能帮上忙。电话打了一圈,没人愿意开牵引车帮我们把车拉出来。费尽周折,过了一个多小时,才说服一位大叔开着牵引车赶过来,终于把房车拉到平地。经过这番折腾，时间已经到了夜里10点半，而我们今晚的住处还没着落。啊，大半夜的……无奈，最后决定开往100千米外的利勒哈默尔。

当时真是懊悔，这是遭的哪份罪？花钱买罪受！

漆黑的夜晚，冷雨一直敲打着车窗。等到了利勒哈默尔时旅店早已关门。我们把车停靠在停车场，也顾不上吃什么饭就直接躺下休息了，决定明天的事情明天再去想。

——摘自《挪威先驱报》简讯

这得需要多大的魄力，才敢一路无畏前行？老洪的89岁、99岁，肯定也是值得期待的瑰丽人生吧！说到这里，我也想给自己期许一个玫瑰色的59岁、69岁。

数字能说明的事情很有限,

人们很少试图深入了解数字的含义,

也极少去了解存在于数字之外的世界。

所以我认为,

以数字为中心的思考方式既懒惰又危险。

不要单纯地看数字本身,

而是要把数字所隐含的意义和

数字之外的因素联系起来,再做决定。

而在这个洞察过程中起到关键作用的"决议",

往往会耗费很多时间,且需要谨慎操作,

投入的费用往往也很多。

Chapter 3

想做得更好
但又觉得一筹莫展的时候

与世界顶级天才们共事
学会的工作智慧

企业员工需要的最高能力是什么？

随着新冠肺炎疫情在全球范围内的暴发，许多企业已提前切换为2025年运营模式。如果不是因为新冠，这个变化进程至少还需要5年时间。如今却在毫无征兆的情况下突然提前变为现实，让人们措手不及。而一些敏锐的企业早已提前进入了2025年的管理模式。

有些公司表示，即使新冠肺炎疫情结束了也会一直延续在家办公制，且有可能被永久化。因这次新冠肺炎疫情体验到全新工作模式的办公族也纷纷表示，不想再回到过去的工作模式。

世界经济论坛（WEF）在《2020年未来就业报告》中发布了2025年全球企业最需要的15项业务能力明细。

1. 分析性思维与创新能力
2. 主动学习能力与学习策略
3. 复杂问题的解决能力
4. 批判性思维与分析能力
5. 创造力、原创性和主动性
6. 领导力及社会影响力
7. 技术操控能力、理解能力、熟练程度
8. 技术设计与编程能力
9. 恢复力、抗压性、灵活性
10. 推理能力、问题解决能力、创意开发能力
11. 感性智能
12. 客户投诉解决能力
13. 客户应对能力
14. 系统分析和评估能力
15. 说服与协商能力

—— 世界经济论坛《2020年未来就业报告》

上述分类中，首要的无疑是问题解决能力。

经常有准备就业的新人问，就业具体要准备什么？UX设计工作是否需要编程技能？公司主要使用什么工具？将来什么领域会被关注（增强现实、虚拟现实、人工智能、服务等）？跨行做UX设计师需要掌握什么设计技能……可能在他们眼里，周围都在内卷只有自己停滞不前，于是他们掩饰不住焦虑和不安。

前不久，在美国计算机协会（ACM）联合主办的专家讨论会上，我也遇到同样的提问。

"对于设计师是否必须要懂编码有分歧，对此您是怎么看的？"

"我认为如果设计师在解决问题时需要这项编码技术，就有必要掌握这项技术。UX设计师不是技术员，而是问题解决者。他需要考虑的是解决问题时应如何发挥创意能力，如何才能更好地传达创意点子。这时需要的可能是图片，可能是讲故事的能力，也有可能是编码技术。"

企业寻找的是能够解决问题的人。在面试应聘者时最为看重的核心点是应聘者是否具备了解决问题所需的能力，比如思考力、洞察力、创意能力、团队协作能力、沟通能力，以及是否能结合各个领域的专业知识解决当前的问题。在这里，定义问题的能力要比解决问题的能力更为重要，因为定义不同，相应的解决方案也不同。

对设计师而言，需要具备的特殊能力是发现问题的能力。靠设计师具有的"理解他人直觉"的能力，找出消费者、产品、服务、社会等方面的问题，而这一切都从定义问题开始。面试环节看重的是"发现问题——定义问题——解决问题"，因此应聘者在阐述自我观点时表现出前期准备不到位的情况，只是一味地关注解决方案，这种面试的成功率很低。在短暂的面试环节，面试官真正考核的并不是解决问题本身（仅靠短短几分钟就得出所谓的解决方案，不去想也能猜到大致的结果，既不可能全面，又不可能有的放矢），而是"发现问题——定义问题——解决问题"。

以下面的内容为例：

"说说你遇到的最苛刻的用户，以及你是怎样解决这个用户的需求的？"

遇到这个问题你会怎么回答呢？大部分人可能会有这样的开场白："以前我遇到的客户当中……"对于这种情况，不妨把思维切入点再向前推移一步考虑，比如："苛刻的用户"是什么样的用户？最好先对这一点做一个简短的定义。"是什么导致情况变成那样？是产品的问题、服务的问题，还是企业形象的问题？"这些问题完全可以一边酝酿和思考，一边回答。

这时与其费尽口舌说明如何解决特定事例，不如分析和阐述一下是什么导致了苛刻的用户出现，为了避免再次出现类似的问题，应做怎样的体系改进等，拿出一个整体建设性方案讲给面试官听。

"项目进行到一半，遇到意外情况急需变更计划时，应该怎么解决？"

遇到面试官问到这类问题时，需要先拧一下问题。

项目突然中断，原因会有很多，可能是计划变更、延期、取消，可能是更换领导层（如果有白板，最好是一边记录思路，一边思索）。可以向面试官提问，确定一下所说的"项目变更"意味着哪一种，唯有这样才能展现自己不仅能延伸思考，还懂得洞察全局。

"假设现在大厦里的人陷入危险，请制定一个方案把这些人转移到安全地带。"

这种提问太普遍了，面试官也知道这一点，所以需要做更为具体化的分析。比如：这座大厦是什么形状？大厦入住的业主有多少？大厦出口的形状、类型和大小是什么样的？入住者的年龄分布是什么情况（可能是以老年人为主的老年公寓，也有可能是幼儿园设施）？这些因素明确之后，再找出相应解决方案就更为现实一些。如果场景为当前面试所在的建筑，可以向面试官提出一些解决问题所需的相关问题，以展示自己的"提问能力"，这也是不错的方法。切中要点的高质量提问一点也不逊色于有效的解决方案。

不要把目光盯在脚尖上，而是放长远一些去看问题。如果把竞争力单纯放在自己身上，那么比自己资历深的人数不胜数；如果把自己的优势与技术和工具配合使用，同样很快会出现更快的人超过自己。这样一来，自己就变成了急于追逐技术的跟跑者了。

企业想找的是解决问题的人，希望员工能够为解决问题而思考。"你是一个具有创新精神的人吗？"那些面试官真正想知道的是这一点。有人喜欢把自己参与的项目像流水账一样罗列出来，通常这种简历在简历审核阶段就会被淘汰，或者在面试环节就失败了。

如果应聘者的焦点只是在结果上，而不是在发现问题、探索问题原因、解决问题上，那么企业面试官可能会开始考虑眼前这个应聘者是否为公司所需的人才。办事熟练的员工，公司可能已经有了，或者可以通过雇佣兼职来弥补这个漏洞。招募和物色专职人员对企业来说是非常大的投资，具有风险性，所以才会慎重地选择具有长远使用价值、具备领袖思维的人才。在经济不景气的大环境下，唯一不能放弃的投资，就是寻找解决问题的人。所以很想强调一下，不要甘心只做一个技术员，而是要争取做一个解决问题的人。

谷歌走廊上贴着这样一张海报，我觉得很特别，特意拍下来发给了韩国的好友。上面写着：

"我们的产品从零诞生。你只需在此基础上开发就好。"

朋友看了表示很意外："还以为谷歌嫌这世上现有的东西太陈腐、太落后，恨不得和外星人合作创造全新的东西呢。"其实重点并不是目前已有的东西陈腐，也不是需要新事物，真正的核心在于解决了什么问题。如果当前的解决方案能够很好地解决问题却依然觉得这个解决方案陈腐，那么应该是创造它的人自身对此产生了一种疲劳感。每次做着同样的事情，该涉足的领域也尝试过了，就会自然萌生和外星人联手创造新事物的想法——这种强迫感就是工作压力的一种体现。我们应始终把问题的焦点放在人（消费者、用户、购买者……）上。当前的问题是什么？是什么引起这个问题？怎样才能解决这个问题？除了这三点，其他任何尝试都不过是创造者为了自我满足而做的。

| 相比大数据，去培养更为强大的直觉能力

2005年，我在摩托罗拉设计部工作时，激光手机掀起空前的热潮，设计部的士气前所未有地高涨。

当时我们为设计下一季热销款做了大规模用户调查和战略项目，其中颜色、素材、趋向研究调查在全球市场上推广。经过6个月的漫长调研工作，报告书终于发表。

"绿色将是下一季的流行色。"

费尽周折就换来这一个结果？仅仅为了确定明年的流行色是绿色（有可能是为了确认，也有可能是为了说服上级），所以做了一系列繁杂的调查和数据分析吗？而那时市面上已经出现了大量绿色系产品，所以抢占市场为时已晚了。

"大数据"不再是陌生的术语，早已渗透到人们的日常生活当中。日常消费、出行、娱乐都与网络密切相连，每个人的行迹都将留在大数据中。数据驱动决策（Data-Driven Decision Making）指对这些数据进行分析并反映到决策当中，这已是这个时代的主流。

我们可以透过数据学到很多。当它恰好属于大数据范畴时，刚好可以类推出更好的结果。所以，各种数据关键绩效指标（Key Performance Indicator, KPI）会被用在决策和目标设定上。点击通过率（Click Through Rate, CTR）、客户满意度调查（Customer Satisfaction [CSAT] Surveys）、每日活跃用户（Daily Active Users, DAU）、每月活跃用户（Monthly Active Users, MAU）、业绩记录板（Success Scorecard）、完成率（Completion Rate）……要说数据中的佼佼者，我想理所当然是谷歌吧。

但数字不可能告诉你全部。提取数据很简单，但是研究和破解这些数据的含义，了解数字世界外面的世界，却很少有人会关注。所以，我觉得以数字为主的思维方式既懒惰又危险。这种思维方式绝不是一组组单纯的数字，而是将数字的意义和数字之外的因素相结合，做出理性决策（Rational Decision-Making）。这个过程不仅耗时且要求精准，投入的费用自然也多。

入职三星后的第一个产品上市后，我又带领团队企划第二个产品。在诸多上交的企划案中，有一个创意点子相当有潜力，但是以当时的条件，需要由基础体系做后盾，而且还要考虑上市后的售后和软件维护问题。提交创意点子的团队强行推进这个议案，且要求进行A/B测试。所谓A/B测试就是制作两种以上的预案，查看哪一组反响更好。我也认为做这个A/B测试没什么不好。一是创意本身值得做进一步检测，二是即便不是这个产品，从长远角度来看，借此创意测试积累一些经验未尝不好。问题是……

事态与我的预想背道而驰。测试对象被指定为内部员工，而且出现了问卷调查和设计有误、用于调查的试制品制作起来容易混淆判断等问题。用户调查按部就班地进行并很快共享了报告书。结果果然和预期的一样：8∶2。有八成的意见偏向于新的创意案，当前案的支持者占两成。这个数字可不容小觑。提案被一级一级向上提交，而我竭尽全力解释这个方案为什么不能采纳，真是大费周折。结果一旦产生，就很难推翻它。

直觉是数据的另一种形态。有些学者甚至主张直觉可能是最为尖端的智能。因为意识尚未了解到的,直觉却可以即刻察觉到。据研究,人类大脑接收的信息只有10%被额叶(位于大脑前部,负责语言、思维、判断等高智能活动)的意识所吸收,剩下的90%转入无意识。因此如果触发了本能的感觉,必然是以大量数据信息为前提,因为大脑接收的信息中有90%都是进入无意识领域的。直觉是从我们出生那一刻就具有的能力,是一生中不断主动或被动磨炼的信息产物。更重要的是连接这些信息后负责接触和组合新信息的大脑功能会让直觉能力更为强大。

——谷歌设计部副社长　Ivy Ross
《数字与设计》

直觉是一种长时间积累和训练的产物。乐团指挥在常年的指挥中,练就了听觉的绝对敏锐度,所以在演奏过程中只要出现一个不和谐音符,他就能立刻从诸多乐器中辨别出是哪个乐器演奏出错,或是少了哪个乐器。训练有素的料理师也具有卓越的味觉,当他尝过一份食物后便能推测出是什么食材、什么调味品,甚至是用的什么烹饪步骤。那么作为一个设计师应该具有怎样的职业直觉呢?我认为是感觉。设计师做的是洞察和带动人类感觉的工作,洞察消费者的审美和体验感,弄清不同产品、不同文案、不同颜色带来的不同感觉。对这些是否能捕捉到位决定着设计师的成败。

所以,设计师要凭直觉捕捉数据中蕴含的情感的蛛丝马迹,读懂用户对象的感情。这仅靠大数据远远不够。具体买了什么？具体看了哪些视频？看了多少？点击了哪类广告？单靠这些数据不可能完全洞察是否让消费者满意。毕竟好感和兴趣点才是消费者停留在一个产品和一种服务上的重要因素。性价比、产品配置、实用性，如果仅靠这些作为吸引消费者的筹码，那么一旦出现更好的竞争产品就会很容易失去消费者。

偶尔给大学生做讲座，总会有听众问一个问题。

"大学时期应该提前准备哪些事情？"

大概是想了解将来步入社会就业时需要准备哪些技能。我会给出两点建议：投入一场不求回报的恋爱、痛痛快快地玩一场。对设计师而言，想要练就情感直觉就应该拓展情感"波普"，而没有什么能比一场恋爱让设计师收获更多。

全心投入地爱一个人时往往会倾尽所有，很容易把自己的情感底牌全盘亮出来，会经历自我怀疑："我怎么这么幼稚？我怎么这么懦弱？怎么这么卑微？怎么这么小气？我竟然还会撒谎？还这么残忍？"也会有自信或自负的时候："哦，原来我是这么有魅力的人，我这么勇敢，有着有趣的灵魂，而且能言善辩。"也会拥有受伤后心疼得扭成一团、头脑空白、双手发颤、难过得止不住流眼泪的体验。而且一个人也可以为拯救在乎的人或追杀仇人，一直追到地狱！唯有多积累各种情感体验，才能练就敏锐的直觉，读懂他人的情感。

另外，还得尽情地玩。这里说的并非旅行或者各种游戏体验，而是在社会法规允许的范畴内去"闯祸"。因为闯了祸生怕被发现,坐立不安、苦苦哀求、恳请饶恕;做错事受到惩罚……这些情感如果在熟悉、安全的环境下是不可能体验到的。所以我建议去旅行,感受陌生地方带来的新鲜感和远离工作烦恼的全新体验。旅行回来大多数人很快就能恢复日常生活,恢复那个原来的自己。所以我的建议是别怕尝试和"闯祸",人都是在经历中成长的,也是在应对各种情况中练就敏锐"触觉"的。

大数据和人工智能越强大,人就越难发出自己的声音,但没必要因为这样就悲观。因为人是感情动物这一点永远不会改变,而且未来社会依然需要能够捕捉人类情感和心理的人才。我们只需好好磨炼自己的"触须"。

2014年,克里斯托弗·诺兰导演的《星际穿越》上映。从电影院出来,我跟先生展开了热烈讨论。电影讲述的是地球已荒芜,人类无法生存下去,于是一支勘察队踏上了寻求人类新家园的宇宙探索之行。

电影结束后,曼恩博士与主角库珀的对话依然在脑中挥之不去。

"当一个人面临死亡时,会千方百计地活下去,为了孩子。"

为了家人,一定要活着回到地球。这种强烈的生存本能让他发挥了超能力。我提到了人类生存本能的灵验,并且对只有人类才具有的超能力提出了自己的看法。理工科的丈夫则表示,人类的生存本能可以注入机器人的大脑中。我们两人认真地争论了半天,说着说着也就不了了之了。

"嗯……我们说的都没错,都对。"

提到大学期间必做的事情，我肯定会推荐谈恋爱。每当这时，学生们就会抱怨恋爱才是这世上最难的事情。

"嗯……你们说的都没错……你们自己定。"

想要获得认可应具备的条件

在商品化量产部门做设计师的工作久了，就会逐渐明白，所谓的设计师无非是不断地经历妥协的过程的产物。

每次投入新项目我都会遍体鳞伤，感觉到刮骨之痛，而等到产品上市时，看着消费者将东西握在手上的那一刻，那种欣慰和快感会让你忘却曾经所有的痛苦和辛酸（正因为是这样，所以才会忘了生下第一胎的产痛，又去欣然孕育第二胎、第三胎）。相比先前的项目，我宁愿被骂也想看到消费者真实的反应，毕竟这才是我想要的反馈。

那么妥协的底线是什么？具体要妥协什么？妥协的程序是什么？应避开哪些坑？下面就讲讲关于妥协的方法和技巧。

— 应做的事情 —

去理解公司的收益模式

如果你在ZARA工作，却问为什么我们做不出香奈儿这样的奢侈品，那么这不是公司的问题，而是你这个设计师的问题，因为你没有弄清当前在什么公司上班。设计着30万韩元的智能手机，却谈论超过数亿韩元的百达翡丽手表，这同样是没弄清自己的定位。如果是在ZARA工作，那么以ZARA产品的定位和消费群为对象做好设计最为重要。想要做奢侈品设计师，那么应该跳槽到奢侈品公司。

谷歌、Facebook的主要收入来源是广告。商场不可能靠一般用户支付的微薄会员费运转，所以一切优先顺序和决策都注定要投其所好，按照广告方的喜好决定，毕竟是他们带来收益。所以，关注点并不是产品制作得多高级、精良，而是如何才能吸引更多的用户点击它。想要一个睿智的妥协方法就应该洞察自己所在的公司是靠什么获取利润的。公司的前景与我的设计理念能否达到一致性决定了我妥协的底线。

去理解企业的蓝图

从产品企划到上市后的客户管理，UX设计师需要在每个环节倾尽所有心血。广告、产品说明书、用户管理中心，每个环节都涉及用户体验，所以设计师必须层层把关，以细节取胜。这世界上最需要管闲事的职业恐怕就是UX设计师了。从这点来看，设计师既要了解局部细节，又要纵览全局。

手机功能中关注度最高、问题最多的就是"设置"。其实它最初的设计目的在于每当运营系统版本更新时，用户能体验到快捷的升级效果。但事实上来维修站报修的用户大多是因为操作不当而引发的其他问题，比如无线网设置错误、开启飞行模式、关闭提醒设置等，他们误以为出现硬件故障，特意到客服中心求助。

关于这个问题，我们曾探讨直接让手机用户更改设置选项的解决方案，毕竟众多设置选项中用户经常使用的也就10个左右，可以让用户自己设置这些常用选项的顺序和位置，但这个方案最终未能通过。并不是因为方案不够好，而是如果按照这种模式出品，到时客户售后服务中心的运行成本将会增加几倍。运营客服中心将需要很大的资金投入，新的用户设置功能不但会增加售后客服中心（通常是外包企业）的员工培训成本，而且在用户因产品问题与客服通话时，由于客服看到的画面和用户的画面不一定同步，所以在这个过程中，确定故障和解决问题都会耗费不可估量的时间成本。打出去的每个电话和耗费的时间都是成本投入，所以这个创意弊大于利。

如果设计师无视这种制约，坚持"功能至上"并执意推行这个更改方案，那么会给公司带来不可估量的损失。从长远来看，对于将来出现状况时可能引发的棘手问题并未做出前瞻性预测，会让公司面临更加不可收拾的难题。

排列出主次顺序

这个世界不存在让所有人满意的产品开发过程，所有问题都会被排列出优先顺序，相互妥协，以求达到最佳的平衡点。排列优先顺序的基准是什么呢？有以下三点。

第一是频率，这个问题出现的频率有多高？

第二是可视性，暴露在用户使用过程中的概率有多高？

第三是致命性，可能引发多大的致命性问题？是消费者发牢骚就不了了之，还是到了消费者忍无可忍要求退货退款、换货的程度？有没有可能引发法律上的纠纷？会不会给产品形象带来致命的打击？会不会由此妨碍消费者对产品的理解、初始印象，以及购买意愿？

一旦确定优先级别后，工作主次就一目了然了，自己的主张也有了合理的依据。这时跟其他部门的协作也变得容易许多（大部分问题都已在设计部门解决）。

一 避免 一

固执己见

我有自己的观点，要知道对方也有自己的观点。任何时候都要注意，不能犯"只有我是对的，别人都是错的"这种极端错误。以开放包容的心态听取各方意见，调整自己的意见。注意，这不是妥协（通过逃避问题点进行妥协），而是调整（以协调为目的进行调整）。

不应贪小失大。如果揪住小的问题，往往会丢掉大的问题。为了避免，要贯彻前面那个优先顺序基准，而且要主次分明。

当然，如果是需要贯彻到底的核心问题，就必须坚持下去。所以平时不能犯在小事上栽跟头的愚蠢错误。不能给人留下这个人凡事都偏执、不好沟通的印象。

"啊，这人又开始了，固执己见！"

对方一旦有了这种感觉，在这件事情上双方的协调就已经没戏了。

树敌

试图妥协时，反而很容易演变为心理战。语言也变得更加犀利尖刻，更容易鸡蛋里挑骨头，最后双方互不妥协和退让，完全忘了当初是为了解决问题。问题变得含糊不清，继而转变为舌战，所以要时时警惕这一点。

产品如果搞砸了，重新做好就可以了，但是人与人的关系一旦遭到破坏，就再也恢复不到最初的状态。为了下一个项目，大家必须每天面对面地一起协作和探讨，毕竟一个人是不可能做好所有事情的。同事对自己的评价，以及人际关系，是职场成功的基本要素。

所以千万不能树敌。大家想要的是项目的成功，而不是与谁发生矛盾或赢了人家。当然，也会经常遇到凡事一定要赢才肯罢休的人，遇到这样的人，从长远利益来看，输给对方就可以了，自己只需要继续走自己的路就好了。

沦陷

每个项目的负责人，都希望自己参与的产品、自己设计的功能、自己的创意被采纳和落实。所以当产品开发过程遭遇挫折、设计越来越偏离最初的预想方案、辛苦策划的创意未被通过时，都会倍感难过，其实这样大可不必。没被通过、没被采纳，有可能是与战略性决定有出入，也有可能因为和公司的营销方向不一样，或者因为技术上还不够完善，还有可能因为提交的点子没有成熟到打动大家的心。

重要的是相比产品本身，自己在全程中学到了什么，又将在下一个项目中如何加以应用。产品或许失败了，但是成长却是当前进行时，这就是成功。同样一个项目，有的人得到成长，而有的人一蹶不振，如何选择，其实都在于自己。

这一刻依然会有人坚持做事原则，在妥协与固执之间纠结。

祝大家好运！

女儿在韩国上小学四年级时，有一次做道德考试错题整理作业时遇到了难题，向我求助。她说自己选的第三个选项不是正确答案，这点她尚能接受，但是为什么正确答案是第二个，对于这一点她不是很理解，问我该怎么理解这种情况。其实我也对于为什么正确答案是第二个选项不是很理解（道德科目考试没有正确答案，我觉得这本身就有点奇怪），我建议她要么直接写不知道为什么第二个选项是正确答案，要么直接写第三个选项肯定不是正确答案的理由。记得中学时期考道德科目时，我常常这样做。在客观题下面回答"没有正确答案"，或者写两个正确答案。有时候是认真的，也是真心的，但有时候是明知出题者想要的正确答案，却由于无法赞同，所以故意这样写，以示小小的抗议。

女儿天生是个完美主义者，对我的建议当然十分不满，甚至恼火。我只好向丈夫求救，让他出面讲解。

"你看，这道题1不是正确答案，2不确定，但是3和4肯定不是此题的答案，所以正确答案选2。"

女儿对爸爸的这套逻辑好像特别满意，表现出心服口服的样子。

并非因为是正确答案才选，而是除了它以外没有更合适的答案,所以才选它做正确答案。

如何在330万封履历中脱颖而出?

在职场生涯中,总会有一些人在你遇到难关时给出宝贵的意见,让你无比感恩。

第一个给我这种职场意见的是我2013年入职三星电子时迎新会上的一位高管。这一天的迎新会主要是给不同领域物色有资历的新人。

在结束40分钟热情洋溢的发言后,他是这样结尾的:"我想给在场的各位新员工一句忠告,不要想着去做三星人,因为三星人已经够多了。你们在成为三星人的那一瞬间,就会变为他们其中的一员。如果那样,我们就没有理由特意选你们加入三星了。祝好运!"

(尽管我已做好充分的心理准备成为三星电子的一员,但他的话依然给了我不小的震撼,简直是人生最高的箴言。很好,这样的公司,值得!)

其实我也有过质疑的时候:"我怎么和别人不一样?为什么不能像他们那样?"出于想好好表现的心理或者因为不想成为那只出头鸟而被人指指点点,我也选择过从众。但这种随波逐流不但不能让我舒心,而且更多的时候会让我觉得像是穿着铠甲在马路上奔跑,费力得很。也难怪,穿着不属于我的外套硬跑,费力是肯定的。

其实每个人都有着属于自己的颜色。人活一生，可以去历练、打磨，但不能丢掉自己的颜色。一旦丢了自己的颜色，那么你将不再是自己。

企业需要各种人才，尤其需要具有创新能力的人才，不同的人才是这个企业的核心力量。如果一个企业没追求、没理想，仅仅依靠差不多的人力资源得出差不多的结果，就没必要非得动用员工做这件事了。

在谷歌，我经常参与新员工的招聘工作，据说2019年谷歌收到的简历多达330万封。在众多的应聘者中，最终成功拿到合格录用书的都是有自己的特色，而且能很好地展现自我特色的人。

职业生涯中需要的不仅是擅长自己领域的工作，每个人特有的个性也能成为一个优势。

善于协调的人、具有领导能力的人、能够给大家带来快乐的人、口才出色的人、善于安慰他人的人、爱笑的人、天马行空的人……他们有着各自的特点。（我认为每个人在出生时都是带着特有的颜色来到这个世界的。）审视自己、认清自己是什么颜色的人，清理上面斑驳的痕迹，让自己本来的颜色更加纯正和浓烈就可以了，这样石块也会变为宝石。

经常有谷歌的新员工问我，怎样才能快速适应公司？而我每次都会笑着回答："不要想着做个谷歌人，而是保持一个谷歌新人的身份。这样就是走向成功，祝你好运！"

如果你问我是否打过本垒打

2008年9月15日,美国大型投资银行雷曼兄弟公司申请破产保护。房地产泡沫破裂后,巨大的投资银行也不堪一击,随之崩溃。第二天,大批人从纽约雷曼兄弟公司大厦走出来,手捧装有个人物品的纸箱,成为失业人群。

这些都是在一朝一夕间失去饭碗的人。当我从新闻上看到这一幕时,既震惊又恐慌。原来美国真的可以在一夜之间垮掉……当年"9·11"恐怖事件发生时,我从电视上目睹贸易中心双子塔崩塌,隔着屏幕感受到的震撼好像在这一刻又经历了一次,令人毛骨悚然。我清醒地意识到这一刻从雷曼兄弟公司大楼倾泻而出的这些人,是即将在各个领域触发巨大事变的信号弹,而且类似的事也可能会发生在我的周围,甚至我的身上,犹如灾难悄悄降临。

金融危机的风波持续了许多年。经济负增长和大量裁员导致社会萧条。曾经看似坚不可摧的高通按捺不住,推行了年薪冻结措施,很快跟进大面积裁员。看着曾经朝夕相处的同事收到解聘通报后仅一天时间便整理用品离开,我的心情很是沉重和五味杂陈。一想到下一个有可能就是我,我也心事重重,根本没心思做事。

虽然遭遇紧缩政策,但新工作被保留了。当前推进的项目转为暂时中断或维护状态,缩减一切规模。这段时间每天上班也没什么要忙的事情。而到了这种地步,我开始担心自己的职业。每天这样安逸下去,很快会停滞不前,到时候在人才市场恐怕很难有立足之地。我至少还要工作20年，但是以目前这种状态，在一个公司做前途未卜的赌博是极其危险的。

丈夫所在的研究所直接受到金融危机的影响。他们这种从事基础类科研工作的科研所，一般不是立竿见影能看见收益的行业，研究资金链断裂，新研究项目的投资也被大大缩减。雪上加霜，丈夫未能续签工作合同，成了一名失业者。我不得不独自承担起养家的重担。

一年后，丈夫收到了韩国大学研究所的聘请函。对于失业一年靠一人收入维持生活的我们而言，也没有什么其他可选项了。我们决定赌一把，丈夫先回韩国应聘，我跟孩子们继续留在美国。等到丈夫在韩国的工作稳定下来，我们再举家回国也不迟。

有一天，我收到三星电子无线事业部门人事负责人的电话。对方称正在美国出差，物色海外人才，希望能见上一面，而且他本人已经到了圣迭戈。2013年，当时的三星电子盖乐世S3和盖乐世Note Ⅱ成功上市，正处于市场上升阶段，而且扩招海外人才是李健熙董事长推出的新经营策略的重要一项。

仿佛是上天的旨意一样，我决定去试试。经过圣迭戈高管的第一次面试，我收到了到韩国参加第二次面试的通知。我把两个孩子寄放在朋友家里，回到韩国参加三星电子面试。

面试分为两个环节，上午进行设计部高管面试，下午进行人事部高管面试。设计部高管提问："本垒打也得有过经历的人才能打得出来。以前有没有打过本垒打？"

我当然没想到会被突然问这个问题，慌乱两秒后，淡定地说：

"一个团队的成功,不可能靠一次本垒打就出成就。如果因为少了本垒打队员这个球队就垮掉,那么这支球队也不是好球队。他们追求的不应该是昙花一现的成功,而是常胜球队,这就要求不仅要结合两队选手,还要动员球童,构建一支铁打的团队,这才是核心点。我以前就职的公司,在那些领域可以说都是最高级的公司,但我不认为这是靠一个人造就的,而是靠大家共同创造出来的。我能置身于经常成功的团队之中,意味着其中也蕴含着我个人的成就,所以我会自豪。"

(直到后来借着三星智能手表打出漂亮一战后,我才懂得成为一个本垒打球员意味着什么。但在面试那一年,对我来说,上面所说的那些已经尽力了。)

第二次面试顺利通过,我结束了在美国长达15年的生活,回到了韩国。

我在三星电子提议开发智能手机的原因

在三星有一句逗笑的话,"三星前者"(韩语中"电子"与"前者"发音相同)和"三星后者"。这说明了三星电子在三星集团的地位。[1]在三星电子,无线事业部门最为核心,其中制作手机的部门,特别是负责盖乐世战略款型的部门最为核心。当然,这也是因为盖乐世是公司重要的收入来源。入职后我在与部门经理

---

1 在三星集团的诸多产业中,三星电子是优先的、重要的。恰好在韩语里"前者"和"电子"发音完全相同,所以以此来说明三星电子在三星集团的地位。

面谈时，提了两点：首先，希望在批量生产部门工作，而不是先行战略部门；其次，希望负责其他产品，而不是盖乐世手机。我最想要的是裁量权。

就这样我负责了"穿戴式用户体验"设计项目，主要是为三星出品的智能手表、健身带等佩戴类产品设计用户体验感。2013年9月，三星首款智能手表上市，我对当时的临时部门进行整顿，正式成立了穿戴式UX设计部门。

盖乐世手机装置的是谷歌开发的安卓运营系统（OS），而当时的智能手表内置的是三星自行开发的系统。我们部门要负责的就是这款穿戴式OS的设计工作、载入产品的UX设计工作，以及为APP设计部提供所需的设计指南。这是一个全靠双手从无到有的创造过程。

2014年的模型筹备工作和2015年的机型研发工作同步进行。年轻的天才科学家普拉纳夫·米斯特里（Pranav Mistry）作为美国研究所项目负责人着手圆形腕表先行产品的研究。而我们部门的任务是研发将要置入的UX设计工作。待解决的课题一大堆——在圆形表盘显示屏外围的硬件边框和用户界面二者结合的过程中，硬盘的物理操作和软件操作是如何联系起来的？如何才能确保产品完美流畅的使用效果？为了弄清这一点，我们做了无数个试制品进行测试。究竟是把与用户界面操作对应的边框制动器做成物理装置，使用户能感受到真实的触感，还是设计成靠软件运行达到震动效果？如果保留止动器，那么具体要添加几个……无论哪个方案，都等于选择了一项难度系数很大的技术挑战。海外研究所、产品设计部、硬盘实际制作部、UX部门……调动一切资源投入设计工作，最后产品的收益能不能与这些投入持平？能不能带来收益？对这些投入和产出也要做充分的研究。

三星官网设计哲学版面上有一段关于圆形UX的说明：

"'Circular（圆形）UX'全球首次实现了触屏与边框物理操作，实现了更为直观简便的UX。制动器旋转边框不会遮挡界面，为用户提供清晰、快捷的所需信息。"

对UX设计部门来说，圆形屏幕是前所未有的新挑战。几十年来界面设计产品层出不穷，但都是四方形屏幕。所以，最初我们内部的设计稿千篇一律，都是方形画面图案，形状也不奇怪。直到有一天打开所有设计的图纸，突然觉得这个思路是不是真的明智？如果能把四方形界面硬搭载到圆形显示屏里，何必再花费大量资金坚持圆形界面？我提议立刻展开全方位的市场调查。设计部门所有员工离开案头走到外面观察、收集，对所有圆形的物体进行拍照。第二天，大家带着各自收集的资料聚到一起，进行分享和交流。主要是分析圆形物体的形状特征，以及选用圆形外观的现有模拟产品是如何诠释和传达企业理念的。

在设计领域有一些支柱一样恒久不变的行业传统原则，其中一个就是"形随功能而定"。这是美国建筑师路易斯·沙利文（1856—1924）的著名言论，他主张摆脱过去那种工艺至上、装饰至上的设计风格，以功能主义、实用主义为主。

这既是近代设计的象征，也是始发点。

这意味着圆形UX设计将向曾经坚守了100年的设计原则发起挑战，一改过去那种先确定圆形和边框再对接功能的传统方式。从来都是"形随功能而定"，但我们现在要解开它的逆命题。圆形屏幕和边框是腕表硬件框架的最佳选择，遵循了"形随功能而定"的原则，是在手表这个物理功能上量身设计的形状。剩下的课题就是把智能手表功能按照圆形改进，使软件功能和产品的物理外形完美对接，使之没有违和感。

无论是设计者还是用户，其实早已习惯了方形表盘屏幕，所以改变原有的东西完全是一种新的挑战。摆脱方形盘的物理制约，向外延伸使之大气沉稳。另外，中间部分和上下两端之间设计成不同深度的效果，从而演绎出立体感。没有了特定的棱角，用户自然会更加专注于表盘本身，凸显圆形显示屏的优点，相比现有的方形显示屏更为一目了然。由此，三星可穿戴设备优化用户界面终于诞生。

——《圆形UX设计故事》

2015年，传闻苹果手表即将面市，我们不得不与尚未面市的幽灵手表博弈。同年5月，苹果手表如期上市。苹果智能设备的设计整体倾向于方形风格。它的上市发布会，我是手里捏着汗看完的。"知己知彼，百战不殆。"看过后，我便有了值得一试的信心。同年10月，三星Gear S2正式发布。硬件边框和圆盘显示屏浑然一体，这种圆盘界面的面市将成为设计历史上划时代的一笔。在产品发表会上,看到活动现场大屏幕里展示着腕表画面,其间经历的辛酸犹如胶片一样闪现。无数个报告、无数个淘汰的作品、无数次失望与挫败,还有恨不得想要放弃的那些瞬间,在此刻一下子都浮现在脑海。

剩下的就看媒体和消费者的反应了。不久,各种媒体的认可和赞美铺天盖地袭来,其中对于边框和圆形表盘界面的赞美最为集中。美国著名科技网站"THE VERGE"向来以攻击三星闻名,一直都是以各种差评和冷嘲热讽为主,而这次他们给出了这样的评论:

"我想没有谁想象过三星可以做出比苹果更为优雅的界面。"

暂且抛开产品销售业绩的好坏,从设计师立场而言,这无疑是最高的成就,是个漂亮的本垒打。

好消息接踵而至,我入选"2016引领穿戴式设备产业全球18位女性领袖""2016穿戴式拓荒者50人",随后又作为代表设计师获得了"IDEA设计青铜奖"。可穿戴设备专刊作出以下评论:

"三星如果不委任她负责更多穿戴式产品的创意设计,那将是不堪设想,因为她为三星的未来提出了发展方向。"

我想,大满贯本垒打可能就是这个感觉吧!

| 初来乍到,谷歌给我的5个文化冲击

"Noogler"是对谷歌新员工的昵称。每当迎新季,公司会举

谷歌迎新大会

行迎新大会，1000多人汇聚一堂，其规模可以想象。

"我们研发的产品都是从最底层做起的。你们来到谷歌，只需要在此基础上开发产品就可以了。"

"去发掘状况背后隐藏的真正问题，用你们的方法把它完美解决。"

"追逐现象或竞争者，是一种时间浪费。"

这种理念培训贯穿了整个会议的全过程。迎新大会将谷歌的格局和价值观、自豪感体现得淋漓尽致。迎新大会结束时，所有人都摘掉新人的帽子，从此开启全新的职场生活。

我所在的"搜索助手"部门是谷歌核心搜索服务及新兴人工智能搜索助手的研发部门。我不得不说几点在谷歌经历过的大跌眼镜的企业文化。

— 每周一次全员会议，TGIF[1] —

在每周一次全员会议上，谷歌所有的员工聚在一起分享公司发生的各种事情。因为会议在每周五下午举行，所以当初取名为"TGIF"，后来随着公司的壮大，考虑到其他地区的员工，把会议时间换到了周四举行。之所以这个会议让我感到意外，是因为它与传统会议的感觉反差太大了。我们熟悉的公司会议都是那种现场气氛无比紧张，大家板着脸，大气不敢出的氛围。但TGIF不是这样，反而很轻松，甚至很有趣。更令我新奇的是，会议竟然是由谷歌共同创始人拉里·佩奇和谢尔盖·布林亲自主持的！两人就像韩国的刘在石和申东烨同台表演脱口秀一样，互相调侃、互相玩闹，把会议氛围带动得轻松、愉快，穿着也休闲而充满活力，好像刚刚还在现场研发产品，匆匆赶过来开会一样。

拉里·佩奇和谢尔盖·布林当初的创业理念，就是希望把谷歌打造成"愉快共事的公司"。谷歌充满活力的LOGO，也很符合这种创业理念。沉浸其中，快乐工作的氛围很容易感染身边的人，感受那份活力和能量。通常大企业的CEO（首席执行官）给人的感觉是整天板着一张严肃的脸，脾气火爆，令人望而生畏。但他们的主持风格打破了这种偏见。（现在两人隐退，再也看不到他们的同框脱口秀，很是惋惜。不管怎样，能遇到企业创始人，无疑是一件给人无限新鲜灵感的事情。）

1　Thank God, it's Friday: 谢天谢地，今天是星期五。

— "随心问",Dori —

Dori是谷歌内部提问系统的聊天助手。在会议前启动Dori系统,员工可以提前输入想问的问题。虽然可以匿名提交,但大家基本都会实名提交问题(在公司系统,事实上不存在真正意义上的匿名)。提问会在会议进行中被即时提交,顺序按点赞量排名。到了提问环节,现场就切换到Dori画面,提问尺度经常是出人意料的。

相比公司全体员工汇聚一堂的TGIF,Dori环节更为壮观。有关谷歌的新闻热点问题、谷歌对各种社会热点问题的立场和态度……所有敏感话题都在这个环节被提交上来。由于这些提问都是实时提交,高管之间根本没有事先互相通气的时间,所以他们全程在一种实时、开放的环境下逐一答疑,有点像国会听证会现场一样充满紧张气息。如果高管未能做出令人满意的答复或含糊其词,员工可能会在失望之余考虑跳槽,另谋高就。这一点让我觉得至少在硅谷,公司不是所谓的甲方地位,而是像极了乙方处境。

— **开放性与透明性** —

谷歌几乎所有的文档都在服务器里,工作也通过云盘进行。任何电脑,只要连接到公司系统就可以开始工作。大部分的工作文件通过联机可以实现共享。

近年来,由于信息泄露问题日益普遍,所以谷歌的这种企业文化也开始发生变化。但听那些谷歌老员工们说,其实几乎所有的文件都对内部员工开放,任何人都可以浏览。

谷歌这种强大的信息开发功能我也切身经历过。在全球经济衰退的大环境下，为减少支出，人事部制定了一份"紧缩财政报告"，这份报告一经公开，立刻点燃了员工们的愤怒。里面涉及缩减员工福利、缩小升职规模、在物价相对低的区域增加招人计划等，都是非常敏感的决策。TGIF大会上，Dori开始陆续发布要求公司表明立场的提问。人事负责人被传到舞台上做正面陈述并道歉，但员工们的怒气并没有消减，随后的提问更为犀利。有员工质问：既然要缩减，那么是否考虑过把CEO的工资降低1%，而不是从员工身上削减福利？啊，这个问题需要CEO亲自出面回答了。桑达尔·皮查伊沉着冷静地一一回复员工的提问。这种情形我从未经历过（之前我就职的任何美国公司都没有过这种情况）。对于谷歌员工来说，他们最不能容忍的就是公司试图隐瞒什么，所以会理直气壮地表达愤怒，义正词严地要求改正。我认为，这就是谷歌之所以成为谷歌的魅力所在。

— 自发性共享与协作 —

谷歌员工平时在上班时间会做很多其他事情。只要是自己足够感兴趣的主题，哪怕再大的项目也会主动推进，着手制定报告书。有些员工会在群邮箱里群发邮件，共享自己研究的"Z时代"报告；有些员工会在群发邮件中针对自己正在筹划的美容类服务软件发出求助消息。

而这时，群里会此起彼伏地冒出潜水的高手，毛遂自荐并共享信息。到底是什么驱动着这个企业的互助共进文化？是高手云集且个个比较自恋、活跃度被计入业绩评估，还是仅仅是单纯地共享知识，全凭弘益人间、造福人类的精神？对我来说，这是个解不开的谜，因为在我之前工作过的其他美国公司里看不到这一点。员工愿意主动播种、耕耘、收获，这种可遇不可求的氛围正是企业文化所蕴含的强大力量的体现。

下情上达文化，换个说法就是上面的指示下面的员工执行得并不好。从生产性和效率角度来看，谷歌这种氛围无疑是低效率的，也说不上是积极性高还是表现欲强（两者的界限不太好确定），但有一点可以肯定的是，没有直觉动力就没有创意。如果一个团队无法激发员工的创意积极性，就终将走向衰退。一个个幸福的个体汇集在一起，组成了幸福的"我们"。脱离个人幸福和发展（提升），只顾着企业的成长，那么总有一天会像泡沫一样幻灭。

— 注重影响力 —

"你不必非要有一技之长。即便不是如此，你同样可以在所有领域发挥你的影响力。在谷歌工作，就是这样。"

进入谷歌最让我难以适应的是部门职能与责任（Roles & Responsibilities）没有明确的分工。部门与部门之间重叠的业务很多，有些必做工作却没人做，甚至别的部门的工作交由我们部门来做的事情也时有发生。

对我来说，这种局面简直糟透了。我无法理解，于是向谷歌前辈讨教（就是前面给我职场箴言的那位）。他说："不要试图去整理什么、包揽什么，只要做一个正常发热发光的人就可以。这时你的就会变成我的，我的也会变成你的。"一番话说得轻描淡写，我听得云里雾里。直到自己经历过之后才终于理解了这句话所包含的意思。在这里，大家都按照自己的喜好主动找喜欢的事情做，这就是谷歌文化。如果不想做可以跳槽到其他公司。在这里，每个人都会自我成长、自我选择和淘汰。

大概这就是拥有一切、与世无争者的格局吧。市场遍布全球、收益稳定，所以才能够不畏惧被淘汰、不必被时间赶，可以包容员工的种种个性和不完美。在这样宽松、包容的氛围内，一些天马行空的点子和奇思妙想才有可能自然地冒出来，而且也可以把梦做得更为大胆一些。这样的环境才能吸引更多精英人才。靠现挣现活忙于创收的公司，为了追求最大效益，部门职能和责任也必须精确化，以达到最高效率。由于要带来最大效益，所以必须把当前的项目当作最后的机会竭尽全力地投入，不可能制定一个长远的规划，也不可能允许一直尝试做项目和试错。所以，谷歌这种不可思议的企业文化，倒是有点像在家境殷实的人家才可能看到的不那么苛刻和严厉的氛围。

谷歌天才的工作方法

有一次，公司的一项产品研发接近尾声，高管临时下达了修改设计方案的指示。负责的设计师对这个不可理喻的指示表示强烈抗议！

"非得撞到南墙才甘心！"

在我看来这个临时指示确实过分了。距产品上市仅剩几天且高管的要求是对整个平台进行重改，这不是单纯地修改几个功能标签，也不是单纯地改个APP，而是整体大换血，这是个大工程。

设计部负责人气急败坏，直接甩手下班回家。我只好临时找别的同事救场，开始这场一定要辨别出是便便还是豆瓣酱的测试工作。结果果然是一坨便便，而且还不是一铲子就能清理干净的完美便便，是让人头大的稀便。

但是，即便是这种稀便，我认为也有它存在的意义。高管的要求涉及平台修改问题，我们在按照他的指示方案进行虚拟测试时，结果显示，这个方案的后期影响将非常严重。经过一番测试与验证，高管最后决定采纳方案B，产品也如期成功上市。事情总算有了比较圆满的结果。事后，我跟那个负责的设计师说道：

"首先，任何解决方案都有错误的可能。有时候你认为是错的，也有可能是对的。

"其次，你证明了它是一坨便便毫无用处，有时这种肯定的否决其实也是寻找另一个突破口的原动力。就像你对一个方案确实不再有任何质疑和留恋，可以完全否决和排除时，才能放心进行新的开始一样……

"最后，在第一现场，有必要仔细倾听那些有几十年经验的老前辈的话。并不是因为他们身处高位，而是年龄带来的经验有时候会带有超越科学的神力。"

这位设计部负责人当时觉得我们部门进行的测试徒劳而且浪费时间，为此他愤恨了很久。

到了谷歌，我才发现这里到处都是"不撞南墙不回头"的情境。我以为自己还算思维开放的人，但我发现：大大小小的项目多到眼花缭乱；上市前突然取消研究课题的事情频频发生；一个部门失败的课题被另一个部门拿去津津乐道地重新进行研究……这些都是我费解和一时难以接受的工作状况！

从业务效率来看，这确实是最坏的资源管理，而且从企划成本来看，也等于莫大的成本投入和损失。这与我想的精打细算和井井有条反差太大了。我不解地问了公司的老员工，他说："这有什么？肯定是值得这样做的呀！没什么不可以的啊。"

我好像被电击了一下。确实，这有什么不可以的？能有什么问题啊？

谁知道呢？或许错的能开出错的灵感之花，诞生新技术。

谁知道呢？或许会在那些已知线索中发现新曙光？

谁知道呢？也许我们会从那些本以为错的、不可能的事情当中发现新大陆？（苹果设计的"便便"表情大受欢迎！）

这种企业文化和体系能给你足够的平台。任何人、任何项目，都能把研究做到尽兴。不会让你的创意在萌芽阶段被扼杀，而是任它（如果出面阻止反而招来横眉）恣意地生长。当一个企业有足够的底蕴面对任何失败时，就可以从容地关注员工从试错中学到了什么，而不是质问浪费了多少成本。

这就是谷歌革新的核心。如果一定要我说出谷歌与其他公司的区别，那么我认为，同样的员工，一个是心甘情愿，另一个是硬着头皮赶鸭子上架。

创新源于看似废弃的土地。

没什么不可以!

| 一个好领队的必备素质

2006年,我第一次担任管理职务,后来几年轮番担任业务和管理两个职务。当作为管理人员投入工作时,相比普通员工更容易感到精神能量的枯竭,大概是我对这个职务"水土不服"才会这样的吧。

首先,我处理数字一直都很笨拙。团队运营预算、人力补充协商这种事情对我来说很头疼,也很棘手。其次,相比科研项目的失败,人际关系搞僵时产生的压力远大于此,而且其后遗症也会持续很久。最后,手中进行的课题大致能预测未来结果,但是在人际关系中我根本不知道下一秒会得罪谁、会和谁翻脸。所以在人际关系方面,我就算积累了足够多的经验,也总结不出什么技巧,每次面对认识或不认识的人时总会觉得一切从零开始。

但也有值得吸取的经验和教训。由于操作有难度,因此需要时时确认、时时提醒,并加强努力。

— **维持重心** —

领队是把控重心的关键角色,犹如一位众望所归的船长,负责掌舵、确定方向、确保船只平衡……所以船长务必要掌握丰富的经验和知识。有些领队喜欢在细枝末节上对员工一一进行指点和纠正，其实这不但没必要，还有可能会得不偿失，破坏平衡。领队的责任在于具有前瞻性，在于制定战略。像APP图标或背景画面这些具体工作交由设计师就可以。如果每件事都想插足和干涉，就等于在和自己的工种、职务不相符的事情上浪费时间，是玩忽职守。

我遇到过一个部门领队，拿着几份已分析好利弊的方案纠结究竟要选哪一个，就是迟迟不做决定。我直接问道："项目负责人是什么意见？"因为对这个议案最了解、做过深思熟虑的肯定是项目负责人本人，所以当然是负责人的意见最重要了。如果负责人还没有充分考虑好，那么领队可以通过提问和讨论的方式让负责人自己找出答案，全程只是起到一个点醒的作用。我认为这才是领队的角色。

── **不要把自己的不安转嫁给他人** ──

一旦成为领队，害怕的事情就会特别多，而且都是怕得要死的那种。开高管会议和做工作报告，现场的压力让人透不过气来。而且这些高管往往没什么耐性：大多因为太忙，也因为已经对很多细节了如指掌，所以经常会中途打断别人的话。

"可以了，可以了，说重点。"

我这边一半还没说完，对方就做出这样的反应，我真的是气炸了。

领队的决定左右着团队的存亡、产品的成败、公司的盈亏……所以每当做出一个决议时，都会顶着巨大压力，变得非常谨慎。

工作中最需慎重的是，当你感到不安时做出的一举一动。手忙脚乱、语无伦次，烦躁发脾气、嗓门高……领队流露出的这些不安的情绪和行为，会直接影响团队成员，影响团队整体的士气。尤其要注意，切不能为了转嫁责任而去为难他人，也不能因为不安而丢掉判断的重心，做出错误决定。

作为一个团队的领队要具备洞察自我焦虑的能力。当察觉到自身出现这一点时，可以选择暂时独处或接受心理疏导，或者做别的事情以转移一下注意力……总之，要能够用自己的方式安抚这种焦虑的情绪。如果常常感受到焦虑，就有必要查找和解决根本问题，才能成长为更强大的领队。

― 寻求长期解决方案 ―

项目出问题时，如果询问员工为什么会导致这种问题，很容易被员工认为是在问责。其实领队的初衷是找到出现问题的原因，并在今后的工作中加以改进，避免发生类似问题，而不是要指责谁。具体是程序问题、决策问题、基础设施问题，还是预算问题、团队文化问题等，领队的职责在于了解这些情况，查找具体原因并加以解决。对于已发生的问题，由负责人解决就可以了（一味地指责对解决问题毫无益处）。领队的作用是解决根本性的、长远性的问题。

当领队询问是什么导致这个问题发生时，如果负责人生怕担责而试图逃避或掩盖问题，谎报经过，那么说明这个机构的企业文化存在问题，纠正这一点正是领队的职责。让员工放下顾虑和思想包袄，愿意主动正视问题，不会因为出面直言而担负职场风险……唯有这样，才能确保一个团队正常、健康、向上。

— 引导和指导 —

领队是带领团队成员成长的人。要想做到这一点，首先要对员工有关爱之心，洞察每个团队成员的优缺点及具体情况。

我以前就职过的一家公司没有多方评估系统，我便在自己的部门自行沿用了一套评估系统。不同于上级对下级的单项评估，这种评估是由上级、同事、下属等不同级别的成员共同参与的评估制度。想要确保这种评估制度顺利实行，首先要有能够接纳这种评估制度的企业文化。这种评估结果也不排除弊大于利的可能，所以实行起来需要一定的勇气。第一次接触这种多方评估的员工，显得有些不适应，而我在打开由不同级别的员工提交的综合评估结果时，更是感到意外。有的写成了情书模式，内容直白地写道喜欢A或讨厌A；有的直接提交了白卷，表示无话可说；有的则和业务无关，对被评估者的私事做了一番长篇大论的评头论足……

于是我特意开了小会，为大家说明了什么是理想的多方评估，以及它的具体操作方式、重要性、有效应用……同时也强调了对于有一定工龄的员工，能给同事具体而又有实质性的评估是考核其领导力的重要基准。

最后，团队把考核和评估内容整合到一张纸上共享，内容包括同事给出的简要评估、评估期间的成绩及突出表现、待改善部分（措辞很重要，应选择中性、委婉的措辞，以免被评估人情绪波动）。经过纠错和引导后，之前的情书式评估一点点地转变为客观的反馈书：有一说一，只说重点。相比以前对同事也更为关注，逐渐形成了互相尊重、彼此协作的积极的文化氛围。

这是我结合在之前几家公司工作积累的经验进行的评估。这些公司都非常注重多方评估，尤其是谷歌。在谷歌，写给同事的反馈意见通常长到让人觉得大可不必，但员工之间确实会诚恳地互递这种长篇反馈书。

所有的反馈书都是按照各个部门和职务量身定制的，设有业务难度、领导力、业务贡献等项目，在对应栏下直接写出评估内容即可。一旦到了评估期，领队就经常忙到废寝忘食地完成业绩评估。由于是工作需要，所以别无选择。

一 权限与责任 一

领队并不是团队成员的责任替代者，他的职能是协助项目负责人分担和完成项目。有些领队对员工很是包容，他们的口头禅可能是"你尽管放开手去做，有问题我来负责"，这样的领队或许深得人心、值得信任吧？但在我看来，一个领队具有这样的立场和工作态度，并没有给予负责人真正的权限。

不仅是业务上的权限，连同责任一并承担起来，才是真正具有主人翁意识的姿态。

不伴随责任的权限毫无意义。当上级信任你并交付任务给你时，如果你能意识到责任的担当和义务的不可推卸，那么同样的工作就会做得更加积极主动，在工作中得到成长。给员工失败的机会，同样也要给他承担失败责任的机会。对业务负责人的工作失误可能带来的产品风险及时出面干预，正是领队的责任。负责人把自己责任范围内的工作负责好，领队把领队责任范围内的业务负责好，各司其职。

| 《美食总动员》教你发现新技能

2007年上映的动漫电影《美食总动员》讲的是梦想成为美食家的雷米的故事。这部电影给我的感触颇深，以至于在面试答辩或讲座时也会常常加以引用。其中有两点对我的触动很深：一个是创新（闪电爆米花）的过程，另一个是发掘新技能（评论家由最初的偏见到后来的反思）的相关内容。

— 创新的10个阶段 —

在读这段文字之前，你可以回顾一下影片内容。

第一步：观察（observe）。

许多问题的答案其实就藏在日常生活当中。想不出好的创意点子、工作瓶颈期零进展、分析新上市商品失败的原因……都从观察开始。硕士课程中有"观察"科目，那时学到的AEIOU方法我至今还在各个领域经常沿用。AEIOU表示activities（活动）、environments（空间或环境）、interactions（相互作用）、objects（物品）、users（用户）。

第二步：发现（uncover）。

通过观察发现有用的信息。在一档人气综艺节目《我是自然人》中，故事的主角往往很容易在山中找到野菜和蘑菇。认知决定眼界，需求决定创新，兴趣决定毅力。想要找到钻石，就要具备发现原石的慧眼和经验。

第三步：寻找团队（find a team）。

一个人不可能独立完成工作，必然会需要他人的协助。所以寻找一个合拍的搭档很重要，能弥补自身的不足，无所顾忌地畅所欲言，提出建设性的建议和意见。

第四步：提升（build up）。

与合作人一起提升，分享各自的观察和发现的创意，把自己所拥有的和搭档所拥有的进行融合。协调双方意见、确定主次顺序、制定目标、保持与搭档同步。双方的视角和观点不同，同行的途中难免出现分歧和矛盾。

第五步：扩大（extend）。

在创意这副骨架上，补充血和肉使之丰富起来。大部分创意在雏形阶段都有着粗糙、稚嫩、不成熟的一面。做出一个假设，制定A、B、C三个方案，再去关联与之对应的创意点子，并加以延伸和具体化。

第六步：转换（transform）。

转换需要考虑两个方面。首先，对初始数据、直觉、创新进行全新的诠释；其次，通过各种模拟，查看创意点子是不是唯一的、最佳的，有没有可能引发其他问题，等等。模拟测试多样化可以大大降低失败的概率。有时候全新地诠释创意点子也会带来意想不到的结果。

第七步：寻求工具（find a tool）。

当创意被圈定在某个范围时，下一步就是寻找实现它的工具。可能是软件，也有可能是平台或技术员。具体使用什么工具，可以向专家咨询。

第八步：制作（make）。

从创意到产品，需要把它制作出来的过程。根据最初目标，可能是单纯的试制品，也有可能是一个速写或实际运行的产品。这时需要注意的是，一定要抛开一次就做到完美、无可挑剔的强迫心理，遵循"灵敏（agile）"原则，快速制作，然后再反复改进。

第九步：测试（test）。

在谷歌，一个产品上架之前要经过teamfood, fishfood, dogfood等各种自测过程。Dogfooding是亲自试用自己设计的产品，来源于"eat your own dog food"。谷歌的dogfooding有着致命的缺陷，就是测试者是谷歌员工。自己试吃固然重要，但让别人试吃后再评价，这个环节必不可少。这也是许多谷歌产品之所以令人痴迷的缘由。

第十步：说明和说服（articulate）。

《美食总动员》的一些画面让人拍案称奇、妙不可言。比如在烟囱中烤玉米，一个雷劈下来玉米就被炸成了爆米花。那种味道既不是烤焦的味道，也不是火燎的味道，只有"闪电味道"这个名称才配得上它。

这个名称把爆米花的美味表现得淋漓尽致，不需要再费唇舌做更多的说明，听到"闪电"字眼的瞬间，任何人都会想象出一个味道，但它又是从未有人尝过的全新的味道，成功让人们心驰神往。为自己的产品做品牌推广、打造品牌故事，这就是创新的最后阶段。

"闪电味道"就此诞生！雷米和哥哥艾米一起见证了这一刻，"闪电味道"这个令人称奇的名字也是艾米的点子。

是什么把雷米打造成了顶级厨师呢？就是好奇心和执行力。成为顶级的秘诀并不是完美华丽的计划，而在于无数次的试错。

— 发现新技能 —

再看下一个聚焦人物——美食评论家安东·伊古。

小老鼠雷米热爱美食，对知名大厨师古斯特尊敬有加。雷米告诉鼠爸爸自己想下厨，鼠爸爸却泼过来一瓢冷水：一只老鼠当什么厨师，还是认清事实吧！雷米的一腔热血就这样凉透一半。这一天，古斯特由于承受不了恶名昭著的美食评论家安东·伊古的苛刻差评自杀而死。雷米偶然邂逅了在厨房打下手的林奎尼，过起了隐藏在林奎尼大厨帽里的"幕后厨师"生活，借他之手发挥烹饪技能。

林奎尼很快因精湛的厨艺（当然，实际是雷米的厨艺）受到瞩目。一次记者招待会上，当记者问他的厨艺超棒的秘诀是什么时，他含糊其词，隐瞒了雷米的存在。雷米对此大失所望。

安东·伊古听闻林奎尼的厨艺很好，特意前来品尝他的手艺，当时他点了个法国普罗旺斯地区常见的菜式。食物入口的一瞬间，他仿佛一下子回到了儿时。这正是小时候妈妈的手艺。他原本打算挑剔和找碴，但这味道让他心头一惊，甚至激动得手里的笔掉落在地上。这无与伦比的味道让他忘记了自己来此的意图，完全把打算鸡蛋里挑骨头的想法抛在脑后，他沉浸在美食带来的美妙体验中，仔细品味着食物。

盘子里的汤汁一滴也不剩，被安东·伊古吃个精光。安东·伊古很想亲自向厨师道谢，便请求见上一面。但是该怎么介绍这位大厨其实是一只老鼠呢？着实令人为难。

或许不该再隐瞒雷米的存在了。想到这里，林奎尼告诉他，要等到其他客人都用完餐离开后才能见面。安东·伊古表示很乐意等下去。

等了很久，总算见到了雷米大厨。林奎尼把之前的经历说明了一番，并且由雷米亲自展示了烹饪过程。安东·伊古默默地听着这一切，道别时说了声"谢谢您的美食"然后转身离开。第二天，他撰写的一篇评论见报。

评论家这个职业不用费太多心思，更不必承担什么风险，很多时候还能居高临下，享受那种凌驾于被评论者之上的快乐，而且人们喜欢以观看负面评论为乐。但我可以告诉你，作为评论家所要面对的苦涩真相是，即便被评价为一无是处的垃圾一样的食物，也有它的价值，这种价值远胜过评论本身。有时候毒舌评论家会凭直觉感受到某种威胁，这种瞬间往往是当他发现新的事物并出于本能的防御姿态时所产生的。

  这世界对于新的才能和创造,常常会表现出冷漠和不屑。新的事物想要立足,往往需要一些友好的朋友。昨夜,我体验到了前所未有的事情,在从未想过的地方尝到了了不起的食物。那里的食物和厨师深深地打动了我的味蕾,以及我的心,让我懂得了过去我对食物有着很大的误解。在此之前我对于古斯特那句"人人都可以成为大厨"的座右铭很是不屑,直到这一刻我才明白,即便无法让人人都成为伟大的艺术家,但至少伟大的艺术家是行行都会出现的。昨晚在古斯特餐厅遇到的厨师,我敢说他是法国最棒的厨师。我本人也愿意再次光顾该餐厅,品尝他的精湛厨艺。

  前一分钟我还沉浸在雷米的成功情节里,此刻伊古的这番话猝不及防地让我的心为之一动。

  我们这一生听过太多的鸡汤和说教,比如要有自知之明,不是那块料就不要去逞强,等等。但我们依然尝试用努力去改变现状。

  更让我热血沸腾的是,这好像引起了我内心的共鸣,鞭策着我去做一个这样的人——发现新的人才,帮助他们圆梦。为那些在梦想的荆棘之路上被排挤、被冷落、被打击,彷徨不定,独自承受世间所有冷嘲热讽的孤独战士提供温暖的庇护,用微薄之力让这个世界变得少一些苛刻和冷漠,多一些温度和包容。

  我真的很想高喊一声:"加油!"无论今天或明天,一直都加油！加油！

"我们不可能人人都成为伟大的艺术家，但是伟大的艺术家却可以不分出身和行业。"

最近，我开始在谷歌做职业生涯指导培训。有些人因为内向，对表达自我这件事感到有压力；有些人尽管有着可贵的才能，却因为在工作中不熟练而经常出错（更大的问题在于放大自己的失误，过于自责）；有些人因为年纪小、经验不足，计划和方案南辕北辙，把努力用错了地方……他们都因没有正视自己的价值而得不到应有的认可，我的任务就是给他们做正向引导。通过职场引导，看到他们一点点成长和重拾自信，我无比欣慰和幸福。有个员工在今年的考核评价中得分不太理想，为了帮助她顺利晋职，我为她精心制作了一份评价书，可以说是迄今为止最上心的一次。当听到她晋职的喜讯时，我激动无比。她大概没想到我会这样兴奋，惊奇地向我道谢，而我在意的是这份将心比心。

我从来没想过给自己打分，

也没想过为升职争得头破血流，

更没有壮志雄心干一番事业。

只想安分、不紧不慢地维持自己的速度，

和喜欢的人共事，在事业中体会成就和快乐，

在未来某一天成为一个"高手"。

三十而立，我知道未来要充电的内容很多，

需要做的功课也不少，道路漫长且不平坦。

对于要全程跑完 42.195 千米的马拉松选手来说，

步伐意味着生命，

我的目标不是第一，而是跑完全程。

Chapter 4

如何度过
无怨无悔的 30 岁

慢一点没关系,
　　始终做自己

不属于我的不去勉强

我经常独自去旅游，有时是一日游，有时可能好几天。尤其是当了妈妈之后，这种独自旅游成为我更加弥足珍贵和追切的事情。一旦有了孩子，女人在一段时期内全部的时间都是围绕着孩子转。在单位上一天班回到家，继续履行"妈妈"的义务，直到半夜爬上床才算结束。这份工作没有周末、没有节假日，全年无休。脑子里惦记着即将坏掉的冰箱里的食材，惦记着一家人的一日三餐，惦记着作业丢一边只顾着玩的孩子……这些鸡毛蒜皮的小事充斥着大脑。所有的时间和空间里，我只是"妈妈"和"妻子"的角色，想要找到"自己"谈何容易。

尼尔大爷把山里一座阁楼腾出来给我住。迎接我的是他的儿子,他自豪地说这座阁楼是他一手搭建起来的。

我之所以选中这个房子,是因为透过卧室的窗户可以望见外面的红杉木林(美国称为杉木或加州红木,可以理解为韩国水杉的远房亲戚),还有朝向红杉林的那个室外露台。在这里看书、写东西、冥想,思考我当前过得好不好?是否伤害过他人?我自己的内心是否在生着病?如何规划未来……想着这些有用、无用的事情,梳理思绪,犹如清理田间水渠的农夫。

红杉是世界上最高的树种。地球上现存的最高的树"亥伯龙神"正是红杉树种之一。这种树的寿命通常在2000年以上,长到500—800岁才算进入成熟期。对它来说500—800年之前是婴幼儿和青少年时期,之后才算成人。每当看到参天的红杉时,我都不禁对它的年轮肃然起敬。

任世间斗转星移,红杉树数百年如一日矗立原地。这对一棵树而言是单调还是无聊?是对于崭新的一天心怀感激,还是无念无想,只是顺从自然,最终修成了千年道人?

前段时间我看了一本历史书,里面有一段关于春秋战国时期老子思想的内容,其中有一句话很是吸引我:"无为。"虽然简单却一语道破真谛,令人印象深刻。

> 不要去做什么,停留在自己的内在里。不必环顾四周,不必听取外界声音,不必去奢望,也不必去评判。

当一个人像树木、花一样清空所有欲望时,

方开始醒悟。会察觉到召唤春天的伟大法则已在自己内心开始运作。

——恩斯特·贡布里希

《简明世界史》

这段话的意思是应当像树、像花、像世间自然万物一样顺从自然法则，顺其自然。老子将至上的善比作水，"上善若水"。这一点和韩国人对于水的理解似乎有所不同。韩国是将做事不够精明干练的人比作"白水"，所以当描述一个人不怎么样，有点瞧不起的意思时，以"视为白水"表示没把这个人放在眼里，把水比喻成了微不足道的存在。当然，这是文化的不同导致的，老子也不必因此被激怒。

被红杉木环绕的阁楼

"水有七德"，老子认为人应该具备水的七种品性。良好的品德同样也可以放到人际关系、领导力等自我修养方面进行重新诠释。

第一，谦虚。水不去争抢高处，只是流向低处。水之所以汇入大海，是因为大海处于低处。谦逊的人自成大海，周围人自然会被吸引过来，要做这样一个有着水能量的人。

第二，智慧。水流淌时遇到阻力就会迂回前进。这种迂回其实是一种智慧。

第三，包容。水是山川的生命之源，也能容纳人类的各种行为，水可以包容一切。

第四，变通。水没有形状，可以千变万化，装进什么样的容器就展现什么样的轮廓。

第五，忍耐。滴水穿石，并非一朝一夕，凭的是长期的忍耐和韧性。

第六，勇气。水时而从峭壁坠落成瀑布，时而被阳光炙烤蒸发在空气中，不惜粉身碎骨。

第七，大义。百川入海。

老子是公元前6世纪的哲学家，当时正是古朝鲜时期。老子之所以能够在几千年前就有着这样的悟性并建立自己的哲学与思想体系，恰是因为他生活在"思索与提问的时代"。

我们生活在各种信息充斥的年代。铺天盖地的外界信息毫不过滤地侵入脑子里，未经任何反刍就变为自己的思想，扎根在"我"的观念与意识当中。想要形成"自我思想"，需要思索、质问、怀疑和沉淀，不断地提出"为什么"。我们虽然达不到老子的无为境界，但要有自己的人生哲学和思想，塑造和完善自我，而不是徒有一副空皮囊。

"你知'道'吗？"

大家可能都有过这种经历（在韩国布道的人很多，有的在街上，有的会挨家挨户地敲门），走在街上突然被拦住然后劈头盖脸地问这句话。我也不例外，而且每次都会被问得仓皇而逃。

今天突然有些好奇。他们到底想向我传达什么信息呢？

自然无为，并不是说什么都不去做，而是不勉强。所以并不是"什么都不做（do nothing）"，把它表达成"做好自己的事情（do your own things）"可能更确切。

每天记录3个教训

即将入住林中小阁楼时我与艾伦大叔（尼尔爷爷的儿子）有过短暂的交流。虽然交流不多，但言辞中能感受到他是一位愉快、睿智、彬彬有礼的人。我问他住在树林中的阁楼里，会不会有很多不便之处。能看出来，他其实担心会打扰到我安静地休息，但对于和来访者交流又感到十分愉快。艾伦大叔擅长愉快、温和、简洁明了地向对方传递自己的想法，谈吐从容而有魅力，听他说话会让人萌生一种想要录音保存的冲动。简单整理了一下艾伦大叔教会我的3个教训。

— 道德与法 —

艾伦大叔有三个女儿和两个孙女。他时常告诫孩子们"女孩子一样可以有自己的一片天地",鼓励她们尽情去做自己喜欢的事情(为什么聊到这个话题我倒是想不起来了)。

"只要她们愿意,只要她们想,任何事都可以。如果有谁说'她还不行、还太差、还不够有智慧',我就会对那些人说:'虽然她现在看着可能不那么强大,但总有一天可以证明自己完全可以足够优秀。'"

听完他的话我问道:"自己的价值为什么要向别人证明呢?活得像自己不好吗?"

艾伦大叔顿了顿,微笑着说道:"这世上存在着道义和法律。道义指的是良心层面的,法律则是权利。一个人感受到的幸福、好与坏,属于道德领域。用法律确保每个人去做自己想做的事情,这一点很重要。"

他随后补充道:"希望能有一个公正、和谐的社会,保障女儿和孙女们能自如地去做自己想做的事情。"他的话让我脑子里浮现出两个想法。

首先,每个个体证明自我存在的价值,并不是非要得到别人的认可。也许只是想展示一下自然随性的生活状态,以此表达各人有各人的活法。此外,为了证明自我存在的价值,其实是为了打造健康的共同体,为己为人。

其次,很多时候,道德高于法律。特别在设计这个领域,对于消费者的感情,要远比法律规定的更加小心地呵护,比如个人信息、隐私保护，还有亲和力等。如果认为只需要在法律允许的范围内满足客户需求，那么这种机械的想法是不可能感动消费者的。

个人信息是获取消费者信任环节中最为基础的因素，一旦出现差错，消费者感受到的情绪不是别扭和不舒服，而是恐怖和愤怒。信任一旦失去，就难再恢复。

我们可以原谅约会迟到的男朋友，但是劈腿的男朋友却不可饶恕，因为信任已无……

亲和力以"众生皆珍贵"的企业哲学为前提。不重视客户群的企业，消费者又怎么可能买账呢？没有谁愿意让自己成为只在乎收益和钱包的企业的忠实客户。

— 你的想法很重要 —

我问艾伦大叔，能不能把我和他的对话作为素材写下来，然后又要了几张照片。他说很开心我能来，他这一天的心情都很好，还让我写完书后务必给他看一下。我赶紧解释说："我不是什么专业作家，纯粹出于爱好写东西。"大叔听了笑着说道："这有什么问题。你想写的话，尽情写就是了。那些都是你的想法，完完全全属于你。"是的，这些都是我的想法、我的文字，它不是要被人审核的论文。

作家塞瓦拉·李（Seula Lee）说过："写作是笔耕不辍的爱。"她认为写作的好处多多。

写作可以让一个人心变得清静。

写作可以让你留意曾经忽略的身边事情。

写作可以帮你更好地记住过往瞬间。

写作是不停地热爱自我的过程。

写作是不停地与他人的心灵和人生触碰的过程。

——塞瓦拉·李

《改变世界的时间，15分钟》

自从开始写作，我能觉察到自己身上发生的变化：对于曾经忽略的那些事情开始关注，而且会有意识地记录以防忘记，也开始有了反复思量一件事后整理的习惯。把一闪而逝的瞬间变为自己的想法，这个过程很重要。而把这些记录下来，是对那些所想凝练和升华的过程。

— 我喜欢自己 —

加利福尼亚森林大火导致这边的房顶上都是灰烬，艾伦大叔不得不去清理。他一生都在从事房屋建造行业，所以清理房顶这样的事难不倒他。几年前，他因心脏停搏昏迷过几天，目前一直在调理中，近期好不容易恢复了健康。我担心这种体力活他会吃不消，便问他怎么不找人帮一下忙。

大叔坦然地笑笑。

"我挺喜欢自己这样（能这样折腾）。"

在这个世界上能毫不犹豫地说"我喜欢自己"的人，能有几个呢？其实仔细一想，这并不是一句很难的话。我们在求职过程中，会用尽心思制作和投递简历，并极力流露出渴望被录用的意愿，为了展现更好的一面而包装自我。但是在此之前，如果连自己都无法确定"我喜欢自己"，那么怎能奢望他人喜欢和接纳自己呢？

平时在听到面试者或演讲者说话底气不足时，很是不自在。一个人如果在阐述一件事情时连自己都不确定，那么我们还有必要相信他的话吗？人可以犯错，可以不擅长某些事，但最起码的自爱是一定要有的。在这个世界上，最爱自己的那个人应该是自己啊！

看到我拿起相机为他拍照，艾伦大叔应景地收腹，摆出了酷酷的姿势，还特意向我说明他扶着的这棵红杉木至少超过了1000岁。

每晚入睡前整理和记录当天的3个教训。一旦养成习惯，就会带来怎样的结果呢？1年下来，我收获了1095个教训，如果坚持3年，就是超过3000个庞大的经验教训。我不可能有膜拜3000次的毅力和体力，但是至少要做到总结出3000个教训，才能达到"道"的境界吧。

| 目标不是第一，而是坚持跑完

随着在家办公的时间变长，运动量明显减少。

红杉木和艾伦大叔

跑步机虽然就放在客厅，但总是找这样那样的借口懒于运动，结果身体变得越来越笨拙，明显感到体力下降。爬山时要清楚自己身体的极限，分配好体力。如果只凭一腔非登顶不可的蛮劲，就会很容易耗尽体力，下山时会没有力气，走不了几步可能就瘫坐在地上了。这种状况真的是糟糕到了极点，尤其是独自爬山时，更应该注意体力分配和控制好极限，把握好回程的时机和体能。

大一那年春季开展校内活动时，我们新生帮大三的学长们打理生意——白色棉T恤用丝网印染后出售。那时我觉得这种印制技术太神奇了，跟魔术一样。设计系女生们设计的前卫图案被印在棉T恤上，卖得异常火爆。那天，大家在马格里酒馆聚餐，庆祝售卖活动完美收工。第一次喝马格里酒，我竟然觉得甜甜的很好喝。

问题恰恰出在这里。我完全对自己的酒量没什么概念，更没想过喝醉了会怎样。大家都在兴头上，学长热情地一杯接一杯倒酒，我头脑一热就喝了一杯又一杯。那天，平生第一次领教了什么是天旋地转，什么是耳鸣发晕……就在马上断片的刹那，我本能地闪过一个念头：不行，我必须毫发无损地回到家。我立刻给二哥打电话报了地址，让他过来接我。只记得他来后说了一句话，我便醉晕过去。

"小丫头终于有了烟火气。"

小时候二哥在我眼里一直都是洒脱无比的传奇人物，我很是羡慕和崇拜。二哥上小学时有一次不知闯了什么祸，被关在蜂窝煤库房里面壁思过。我妈说当时打开门看到眼前一幕时，彻底无语了：面壁思过压根没看出来，库房里的蜂窝煤倒是被砸得稀巴烂。从那之后，爸妈对二哥就基本采取了不干涉、放任的态度。（那时我大概懂了一个道理，就是有脾气的人不好惹。）

二哥上了大学后动不动就一声不吭地离家出走，背上背包一走就好几天，回来时一副乞丐模样，很落魄。靠打工，二哥好像也挣了不少钱。（名牌大学生，人缘好，交际能力强，还挺会教学生，是挺受家长、学生欢迎的家教老师。不过他作为一个家教老师好像也不可能对学生乱发脾气。）他的观点是存折上的钱攒得越多，攒钱的欲望就越大。有时候他会突然买来一大摞书，有时候他会来一次说走就走的旅行，有时候他会在朋友身上大把大把地花钱。他活得任性、特立独行，让人羡慕。羡慕他是男儿身，随便睡哪里都不会有什么，羡慕他与生俱来的烈性子和毫无牵绊的自由灵魂。

我是个非常胆小的人。虽然周围有很多人误以为我极具挑战精神，有勇气，执行力又强，但其实我是个极度小心谨慎的人，即便石头桥也要提前敲一敲，查看周围环境，确保有安全措施后才会开始行动。

这种性格注定做事很慢。如今我蓦然回首，身边的同事、领导、领导的领导都比我年纪小。过了35岁，虽也有急性子的时候，但对我来说已经尽力了。

45岁左右我开始有些焦虑，不知道自己的设计师职业生涯还有几年。这时我有幸听到格雷格·范德海登（Gregg C. Vanderheiden）博士的讲座。30多年来，他一直在马里兰大学专注于易接近领域的科研工作。听了他热情洋溢的讲座，我顿时心生敬佩之情。是什么让他在一个领域坚持30多年？那股热情来自哪里？答案完全出乎意料。他说当他在这个领域从事30年研究时，突然由点看出了线、看出了轮廓，觉得在厘清工作的来龙去脉后，他对于掌控今后的工作多了几分信心。因此，他对那些没能干到30年就退休的人感到很是惋惜。他传递了一个非常具有启发性的信息：在一个领域一门心思苦干30年，才能有所领悟并掌握诀窍。

后来我特意搜索了他的简历："格雷格·范德海登博士从事技术易接近领域研究47年……"

没有碾碎困难的魄力和勇气，也没有一声不吭离家出走的勇气，更没有自由的灵魂……我这样的人是如何入职硅谷最著名的谷歌公司的，又是如何在最热门的人工智能研究领域成为首席设计师的？这一路梦想之所以能够成为现实，恰恰因为我是个胆小怕事的人。

为保险起见，我时常会摸着石头过河，也会像大草原的狐獴一样，时时警惕地踮脚查看周围动静。我必须为自己找一个稳妥的避风港，并且事先找好"救兵"，以便在自己陷入险情时他们能伸手拉我一把。有时候我也会给许久不联系的友人突然发去新年问候，且不必为此顾虑太多，毕竟是好友。给那些招聘公司投递简历也不是什么可怕的事情，因为他们确实正在招聘员工。毛遂自荐做讲座、给知名人士发邮件询问有没有接受采访的意向，这些都不是什么有风险的事情。反正成与不成也不会损失什么。

不过也因为谨慎胆小，果断离职这种事不太擅长，所以很多时候即便顶着种种职场压力，我也会傻傻地靠蛮力硬撑着。

"对于自己分内的工作，诚实、富有责任心。"

经常能听到周边的人这样评价我。所以当我向他们提出求助请求时，他们也会欣然给予我帮助，这正是我的巨大财富。其实每次离职，第一年我都很难适应，在三星、谷歌也是这样。在我头一年硬撑着坚持的那段时间里，常常有种生不如死的感觉。但是过了一两年后，我便成了那个大家眼里评价良好的优秀员工。

我依然没有足够的底气为自己讨价还价，也没勇气为升职争个头破血流，更没有做一番大事业的野心。只想按照自己的节奏跟喜欢的人做喜欢的事……把擅长的事情做到极致。我从30岁开始对一些事情有所领悟，开始看清将来要学习和提升的目标，也懂得任重道远。马拉松选手要昼夜不停地跑42.195千米，合理的步伐节奏是他的生命保障。对我来说，目标是跑完全程，而不是跑第一。

对于双胞胎的妈妈来说，最大的难题就是以平常心对待各方面速度不同的两个孩子。双胞胎的成长过程注定是不停地比较和被比较的过程。以前两个孩子一起报游泳班，一个通过考核，另一个却没通过，这个结果本来不必那么在意，但因为是姐妹、是双胞胎，怕无形中内心会受到伤害而不得不放弃继续上游泳课。从出生那一刻开始彼此就有了比较对象，所以难免会在意对方的速度，而不是像其他孩子一样只关注自己的速度就可以了。真的希望每个孩子都能按照自己的节奏和速度成长，而不是不停地被比来比去。

由衷祝福他人的成功

我所在的谷歌设计部有"4E"设计方针，即共情（empathy）、表达（expression）、经验（experience）、卓越（excellence）。

其中最基本的就是共情。与他人共情、与共事的同事共情，在当前新冠肺炎疫情环境下，是与各种社会热点共情……这种共情能力的延续就是设计。对于有个人信息泄露顾虑的人、网速慢导致无法上网的人、没有钱无法获取信息的人、有梦想但寻求不到沟通出口的人、由于各种障碍导致无法正常使用设备的人……设计灵感正是源于对这类情形的共情。

有一次，公司召开设计师评论大会，我说出了自己的烦恼。设计提案中体现不出为用户着想的因素，而且大多是可以很快解决的方案，不需要我们部门负什么责任，和协作部门协调也没什么难度的方案。至于用户在达到这个阶段的过程中经历了什么（其他负责人负责的部分），这个阶段的下一步该怎么解决（其他负责人负责的部分），以及这个解决方案到底能解决用户什么问题，在这些方面丝毫看不出"诚意"来。说到设计师应该具备造福人类的精神时，我虽然尽量用轻松的口吻指出，但内心依然掩饰不住一丝苦涩。这世上没有几个人会把自己的工作当作积德，我认为这是悲哀的事情。应该把工作视为一种事业，而不是上下班打卡的地方，如果仅仅是这样，工作的价值和意义何在？

共情能力是一个领队必备的素质，也是这个时代最为需要的素质。在谷歌，不同的职业群体和级别都要求具备相应的核心能力，其中对领队的一个特别要求就是"物色和留住人才"。在谷歌内部，员工的职务转换十分自由，各个部门可以从别的部门挖墙脚，而且公司常年运营的内部员工招募平台也可以随意去应聘，帮员工调换工作。用精英组建精英团队，再去带领和维持，这对一个领队来说是尤为重要的能力。谙熟用人术，驱动员工内心，唤醒他们的主动意识，燃起他们的热情，使之克服弱点，形成纽带关系……这一系列的核心点，是领队的共情能力。

历史上征服世界的领袖大都被刻画成铮铮铁骨的形象。在人们的印象中，所谓的成功人物也都有着某种气场。在这个人心惶惶的多事之秋（灾难与疫情多发的时代），我们需要的是精神的领袖——能与人们的痛苦感同身受，能够理解他人的失败和错误，能够真心为他人的成功欣喜，把员工当作志同道合的同伴而不是赚钱工具，能够把员工当作独立的人去尊重……

这正是这个时代所需要的领袖!

当今世界靠一个人独立完成的工作越来越少,更多的是需要和他人协作完成的工作,接受他人援助,在别人已经打下基础的事情上补充和完善。最近流行的一人直播多媒体,其实也不是独自一个人完成的,需要与观看的人互动、共情。在这些共情能力里,蕴含着源于内心深处的认可和支持,这本身就是一种共情。

| 数字是生硬的,人是温情的

前不久,长期空缺的部门经理职位来了一个新领队。由于公司机构庞大,正在进行的项目也很多,而且部门和部门之间协同交织的业务也堆积如山,所以每个部门的项目介绍和当前业务报告日程被排得满满的。报表上写满了各种项目编码、简称、符号,以及图标。我突然有点困惑和不解:为什么对于共事的新同事没有人去关注,只知道麻木地处理公务?于是,我安排了一场部门经理和员工的团建聚会。当然,这与部门性质的官方活动无关。我就是觉得,工作交接固然重要,但是在了解业务编码之前,我们是不是可以先了解和迎接一下未来一起共事的同事?这才是首先要做的。

按照流程新人进入自我介绍环节,包括那位部门经理。在这个环节,我们约定一律不谈工作只谈人。令人意外的是,我们了解了很多过去不曾了解的一面。比如,玛利亚能熟练驾驭4国语言；斯科特写过电影剧本；汉娜每天画一幅插图，而且画得还不错；凯伦爱好轮滑，大学时曾是冰球选手；史蒂芬则因为父亲在病榻上，每天都提心吊胆……听得大家都为他揪心。

新冠肺炎疫情暴发后，公司上班的方式变为在家办公，同事之间也不再像以前那样交流了。以前上班时在走廊遇到同事都会互传眼神问候和寒暄一下，也会在自助餐厅共进午餐，说一些日常感悟，增进亲和度。自从变为在家办公，除了工作以外几乎没有其他交流了。

就连1对1会议，也必须提上日程、提前预订时间，所以根本没有和同事增进关系的机会。想问一下别人的休假计划，总不能为了这个还要跟大家开个会去问吧？

领队的作用是管理人，他需要有一双慧眼和一个睿智的头脑，把合适的人安排在合适的岗位，把志同道合的成员安排在一个团队里。容易有意见分歧的成员则为他们安排不同的工作，从而避免冲突。每个人的特质不同：有的可能擅长领队工作，有的可能擅长辅佐工作；有的擅长做计划，有的擅长整理和归档；有的擅长独立工作，有的擅长团队协作；有的健谈喜欢说笑，有的喜欢安静倾听……公司就是各种各样的人聚集在一起共事的地方。

每个人的背景和处境也不一样。有的可能因为家里有孩子，5点必须下班回家；有的可能夜间工作效率高，所以喜欢晚上工作；有的可能业务能力一直都超强，近期由于身体状况出问题导致状态不如以前；有的可能因为个人原因，暂时陷入无法专注于公司业务的艰难处境。人非机器，不可能365天都保持高度专注的工作状态，也不可能工作效率总是100%。所以了解团队里每个员工的特性，是一个领队最基本的素质，也是不可推脱的责任。这不是简单地按一下开关就能机械化统一管理的事情，而是管理不同的人，这也是这个职位薪资高的原因。

有一次，一个部门员工约我面谈，小心翼翼地说她想请育儿假，照顾生病的孩子。公司新产品即将上市，马上会进入忙碌期，她可能觉得这时提休假不合时宜。我听了她的想法后，表示会尽快帮她办理休假手续。我原以为她会释然和开心，看到的却是失望的表情，直到她问我这个关头自己退出会不会影响团队工作时，我才恍然大悟。

我向她解释：

"人生最重要的是健康，然后是家人，其次才是工作。如果丢了健康、失去了家人，那么工作再成功意义也不大。工作是需要一辈子去做的，偶尔休息一下也很必要。以部门当前的情况，少一个人确实会有不小的影响，但公司会正常运转。你的位置公司会暂且帮你留着，等孩子恢复健康后早点回来上班就是。"

她这才流露出稍稍放心的表情。我也因此再次意识到准确表达在社交中的重要性。

新冠肺炎疫情催生的"疫情焦虑"或多或少影响着人们的

日常工作。谷歌从2020年3月开始实行在家办公制,做了很多积极的应对方案,其中印象最为深刻的是部门经理培训项目发生了变化。不同于过去传统的管理培训,这次培训新增了情绪管理(不安、抑郁等)课程。突然的疫情改变了很多传统的工作模式,员工的内心也多出许多不安和焦虑。这次新增的情绪稳定方案、在家办公高效运行方案等举措令人耳目一新。疫情下,员工的上下班出行问题、照看家人的需求,导致员工对小时制上班或休假的需求加大,公司于是也相应延长了休假福利,并快速调整了相关出勤制度。此外,公司根据缩减的工时重新调整每个员工的工作目标,并对评估系统做了一系列调整,确保业绩评估公平、公正……整体改动高效流畅。

招不到优秀的人才、人才流失……这些都是公司的巨大损失,不能包容和培养人才更是这个社会的巨大损失。一个优秀的人才,即便不是自己部门、自己公司的员工,必定也是这个

猫与狗的对视

社会的人才。一个企业要做到以人为先、注重人才,这样才能有出路。"无接触社会"的到来可能会让我们错过更多的人情味、不同的心声、不同的情绪……其实对于这些情况,更应该倾听和反思。

不要随意判断他人

海娜对自己不喜欢的事情完成起来总是很吃力(这一点很像我),所以她偏科很厉害。我深知被强迫做自己讨厌的事情多么痛苦,所以当海娜说讨厌时,我都要费尽心思跟她说明为什么必须去把它做完。

海娜跟英语作业较劲了半天,好像有什么事不太顺心,一脸的不开心。原来是学校布置了一篇评论作业,她因为没有灵感而觉得无从下笔,就这样折腾了一整晚。作业是让学生观看辩论天才鲁迪·弗朗西斯科的YouTube视频后,分析他是如何带动听众情绪、如何承上启下、如何即兴辩论、如何调整语气强弱的。这些理论性的内容对她来说倒是问题不大,真正的难题在于这个视频传递的主观信息。

视频的题目是"*Complainers*"(《抱怨者们》),内容大概是说你所抱怨的那些鸡毛蒜皮的事情,相比战争、疾病、饱受灾难痛苦的人们,根本不值一提,所以不要再抱怨。能活着就值得感恩。原来是这段文字激怒了海娜,所以小姑娘在以自己的方式抗议和罢工。

"他凭什么这样评价别人?这还是辩论技巧吗?"

唉,这个爱哭的孩子平时就控制不住自己的眼泪,她毫无征兆地流泪在很多时候就像化学反应一样,会在情绪反应下瞬间夺眶而出,常常弄得我很是慌张。每当这时周围总会有不嫌事多的人插上一句:"这种小事有什么好哭的?""这犯得着哭吗?""怎么就哭了啊,这也没什么啊?"孩子之所以哭,肯定因为她小小的内心世界正在被糟糕的情绪所占据,比如伤心、害怕、羞愧、难过。但是周围人却认为她小题大做,不以为然。做不到共情就算了,还冷嘲热讽,正是这种无法共情伤到了孩子。所以鲁迪的观点让海娜生闷气,也是情理之中。海娜提交作业后跟我解释了自己为什么会很生气,而我听完以后也和她一起臭骂了鲁迪一通。啊,这可恶的倚老卖老的腔调……

小时候我一直认为没有经历过的事情必然不可能理解,就像没有患过感冒的人不可能明白鼻塞、头痛、打喷嚏的痛苦一样。我深信一个人需要经历波澜壮阔的事情,这些经历会让自己变得更有智慧。随着年龄渐渐增长,我懂得了一个人的经历是非常有限的。有些人之所以喜欢倚老卖老,是因为把那些他仅有的经历错当成人世的全部道理,并对此深信不疑。

而且更为重要的一点是,我患的感冒和别人患的感冒未必是一模一样的症状。读研时一个学妹跟我说,她刚与交往很久的男友分手。想到我分手时病了好几天,不吃不喝,躺着什么也做不了,我火急火燎地飞奔过去,觉得在她情绪低落时一定要好好陪她、照顾她。但是见到她本人完全与我担心的不同，根本看不出是刚失恋的人。那时我想到一个点子，发明一个"情感痛苦指数测量仪"，用它来检测每个人的情感指数。

生活中的我们总喜欢轻易判断别人。"你就知足吧。""那些都不算事儿。""那点累也叫累？"那架势就像除非天塌下来的痛苦与苦难，否则都不值得抱怨一样。但是你不能否认，每个人来到这个世界上，格局和感受都是不一样的，判断各种情况的智力水平也各不相同，所以我们真的有资格判断别人的痛苦"不足挂齿"吗？更为可笑的是，当一个人因为不堪痛苦最终崩溃时，凑在他耳边说"没事，没关系"的，恰恰是最初冷嘲热讽的那个人……这简直是坏透了的人！

研究消费者心理并把它融入产品设计当中，这就是我的工作。平时我会格外注意不将自己的日常经验带入工作中，因为当我试图去把自己的经验平常化时，产品很可能会走向以我为主，而不是以消费者为主。在职场上经常听到领导说"我也是消费者，所以我理解……""我家孩子试用后告诉我……"，等等。把自己当成了普通消费者的代表，这种公司文化最令人头疼，自以为是一般用户的谷歌员工也不例外。

当我考虑出书时，我第一个想到的就是环境问题。我的书能否不辜负那些牺牲的树木？会不会和其他废弃的印刷品一样被丢弃，从而增加纸质垃圾数量？（当年新入职场参加员工培训时，我亲眼看见工作人员为了让印刷份数和发行份数一致，把刚印出来的报纸进行废弃处理，当时我的脑袋一直嗡嗡响，印象特别深刻。）对我来说这是无比严肃的问题和烦恼，为什么在别人看来是可笑、不切实际的想法？我不明白。我明明很认真地讲出我的困扰，却换来对方不以为然的"扑哧"一笑，认为我小题大做，激动地质问我这怎么就成了当前的问题……我真的很懊悔对他们讲出自己的困惑。

或许所谓的共情，并不是一定要理解对方的心情，而是要用心倾听、点个头，做到略表诚意才最为高明。因为对方理解到位还好，一旦理解有误，那种自以为是的共情反而会破坏好心情。所以，我们需要的可能并不是理解和共情，而是有人肯用心倾听。

海娜没有按时提交作业，过了几天才交上去。在孩子面对和解决这个问题的过程中，我能做的唯有信任和等待。每个人都有表达自己观点的权利，也有对此表示反对的权利，但这不能成为她不交作业的理由……海娜用几天的烦恼和挣扎懂得了这样的道理。在我看来，这个收获远比她按时交作业、得高分可贵 100 倍。亲爱的海娜，将来也要做一个心怀美好且内心强大的人啊！

无畏无惧，由心而行

综艺节目 *You Quiz On The Block*[1] 是我喜欢的一档节

1　一档街头谈话与问答节目。——编者注

埃米尔·赛甘拍摄

目。新冠肺炎疫情暴发后节目改版，每期都会有不同领域的嘉宾出演，而他们的故事总是那样吸引我。特别是第98期节目《走到尽头》，介绍的是金英美的故事，令我深受感动。

最初听到嘉宾介绍时，我以为这个冒着生命危险去采访动荡局势的嘉宾肯定是个身材魁梧的八尺男儿，没想到亮相的却是名女子，而且是孩子的妈妈，这个反差让我大吃一惊。

她曾是一位全职主妇，离婚后为了找份工作翻找报纸时偶然看到了东帝汶女大学生尸体的图片。是什么样的局势导致一个国家沦落成这样？她决定立刻动身前往东帝汶，于是背起一个相机就启程了。听着"说走就走——东帝汶"的故事，我不禁感叹："天啊，原来真的有人可以这样说做就做！"

她的脚步远不止于此。"9·11"事件之后，她前往阿富汗的经历更令我钦佩。美国总统向阿富汗宣战，其中一条理由为女性人权问题。在阿富汗，女性到底处于什么环境？美国为什么会借此宣战？金英美决定一探究竟。

"当时不会感到害怕吗？"对于主持人的提问，她回答："一探究竟的好奇心战胜了恐惧。"这种洒脱怎能不让我钦佩！（我不敢挑战的那些事，总会有人去尝试和挑战，而他们的无畏精神让我无限钦佩和尊敬。）

人生对谁而言都只有一次。明天会发生什么，谁都不会知道……"过好今天"这种人生观洒脱又干脆。采访的最后一幕尤为令人印象深刻。当时金英美在南苏丹采访时迷了路，只好向当地居民问路。一位大妈说："你走到哪里，路就在哪里。"

正是这句话给了她勇气。

> 正因为我走过来,所以成了一条路。
> 不必畏惧前方,尽管走下去就可以。
> 这才是我想走的路。或许说不上是路,但没关系。
>
> ——金英美

我们这一生会有接连不断的烦恼。当前的路是不是正确的?一直走下去会不会是死胡同?是不是现在应该掉头?于是抬头左顾右盼,看那些人在走什么路。之后又开始苦恼,是不是有谁走在了我前面?我身后是不是也有追赶的人?路太多时会因此困惑,路只有一条时又为此困惑,看不到路时会因为看不到而困惑……我们总是摆脱不了恐惧、不安、疑惑。

20岁时有一次我嘴欠说了句"想过一过坎坷的人生",被妈妈狠狠地拍了下后背。长辈们总是喜欢以过来人的口吻语重心长地说:"平平淡淡才是真。""挑一条稳妥的路子走。""要合群。""别太高调。"

如今长大成人我才恍然觉得,这一路为什么要缩手缩脚呢?

有些路可能已经有人走过,并且后悔过,所以我其实很希望能有人告诉年轻人:有些路看似能看到尽头,也很好走,但是不要因为这样就盲目地跟从。

其实，走快一些、走慢一些都没关系。人们心生畏惧，并不是因为没人走过的路险情重重，而是因为未知才会害怕。

绕远道也没关系。绕远的过程会让你的人生经历更为丰富，让你更老练。

走累了也可以暂时休息一下喘口气。没必要看前后左右其他人的步伐，又不是军队走方阵，更不是掐点运行的通勤车。

并不是因为有了路才行走，而是因为走过才成为我的人生之路。听从心的召唤，任由脚走下去。就像那位大妈指路时说的那句话："你走到哪里，路就在哪里。"

许多人都觉得只要英语流利,

很多问题就能迎刃而解。

也有人觉得自己在某次挑战和尝试中失败,

可能是英语不好的缘故。

我本人也在相当长的时间里有过这样的误解。

但是在谈论英语之前,

我们需要探究更深层的部分。

首先,是否有自己的优势和特色?

其次,是否因为英语不好导致信心大跌,

从而把其他优点忽视了?

Chapter 5

英语放弃者
如何"起死回生"

当我醒悟有些东西远比
英语能力更重要时

英语差？没必要沮丧

中学时我是放弃了英语这门课程的，后来阴差阳错到了美国读硕士课程。两年读研期间，全靠一把鼻涕一把辛酸泪地一路走出来，总算迎来了毕业季。读研期间学习很紧张，如果我用那种学习状态读高三，或许考上哈佛都没有问题。问题倒不是读研课程，而是就业，其中最大的难关就是电话面试。在看不到对方手势、微动作、眼神的状态下，和对方进行长达一小时的英语面试，是一件备受折磨的苦差事。但这一切都是我必须面对的，不可能逃避。在美国，电话面试是多数公司面试过程中的第二个阶段（第一个阶段是简历审核）。

在一次与摩托罗拉面试官进行电话面试时，我犯了一个低级错误。面试官大概考虑到我英语水平不够好，好心问我能不能胜任工作。我原本应该回答"fluent"（表达流利），却脱口而出"frequent"（频繁使用），反而弄巧成拙。本想好好表现，却恰恰证实了面试官对我的担忧一点也不多余。那次面试以失败告终。

接连几次的闭门羹让我变得意志消沉。这时一家IT咨询公司联系我，表示要进行电话面试。于是，我罗列了一些和设计相关的可能被问到的问题，制订好面试流程并做了虚拟练习。

正式电话面试那天，流程大方向基本是按照我的预期提问顺序进行的，还算顺利。最后，面试官提出一个问题："What do you think makes a good consultant?"（你认为一个好的咨询师需要具备哪些素质？）这个问题让我有点措手不及，突然脑子短路，一片空白，我竟然沉默了3秒没吭声。

"Hello, are you there?"（喂？能听到吗？）面试官在催，我没法再这样踟蹰不定，于是突然冒出一句："I think there are 3 points."（我认为有三点。）

"天啊，我在说什么？哪来的三点？"

逻辑一片混乱，嘴上却本能地回答着："首先，我认为……然后，我觉得……最后，因为……所以……"

我预感到这次面试也被我搞砸了。

电话面试结束后，我十分沮丧地见了研究生导师。他听完我的面试过程后倒是一点不担心，笑着说："表现得很好啊！

重要的不是那三个重点是什么，而是你能够想到把它总结为三点，这种概括能力才是重点。"

是的，其实无论从哪一点切入，都能回答得自成一体，比如专业性、信用、沟通、团队协作、领导力等。重要的是，我展现了概括总结的能力，因此也顺利拿到了面试录用通知，开始了在美国的第二个职场生涯。

在经过这次面试之后，我开始在讲话和听别人讲话时留意和记录重点内容。我意外地发现，大部分事情都可以被归纳为三点。开会时喜欢长篇大论的人，不但做不到把所要讲的要点清晰、准确地表达给大家，而且从开头到结论往往需要很大的篇幅做铺垫才能得出要领。所以在开会发言没头绪时，我觉得可以试着这样概括：

"我认为有以下三点……"

我当时负责的客户是美国最大的保险公司州立农业保险公司（State Farm Insurance Cos.）。后来公司告诉我，他们正是看中了我最后答辩的表现才决定留下我。公司通知我，入职后我将加入该公司项目。由于我对此反应平平，他们一度以为我并不是很想入职。而真实的情况是，我那时压根不知道州立农业保险公司是美国最大的保险公司，自己还纳闷，为什么州农场需要设计师，这下完蛋了。

在美国职场打拼，其实是不停地自我怀疑和彷徨挣扎的过程。

我们借助语言沟通，用语言展现能力，也用语言得到别人的认可。将内在的想法和点子进行重组、构建后，用恰当的语言进行改编，再按照对方能理解的方式去表达，这就是沟通。所以，未被具体化的构想、没有表达出来的创意点子、未被接纳的想法，这些不过是游离在大脑里的浮云罢了。

英语成了牵绊我的一块巨石。在美国工作的第六年，我因为英语吃尽了苦头。那时刚入职新公司，需要交接的业务很多，但我的前同事对我的态度十分冰冷，像身穿铠甲的狙击手。一旦开口说话就"嗒嗒嗒"，根本不给我插嘴的机会。

每次我都能清晰地感受到她的言辞之外流露出的不友好。每次她把想说的话像机关枪一样说了一大通后，她总会沉浸在良好的自我感觉和优越感当中。我因为有些问题不理解想去问她，却总会换来她不屑的冷漠表情。

从没有像那一刻那么恨过自己的英语实力太差，也恨自己不能当即飙一口流利的英语回"怼"她，能做的唯有后知后觉地生气和自我懊悔。

越是这种时候我的脑子就越不清晰，说话也开始结结巴巴，就连声音也越来越小。我觉得自己再也不能这样窝囊下去了，于是报了公司的沟通课程。事实证明这个选择很明智。

据专家研究，沟通中，词典上面的词语实际应用比例不足20%，80%主要靠非语言性表达，如表情、姿势、音调、语速、眼神、手势等。比如"够了"，简单的两个字，根据语境和语调其表达的意思完全不同。在人类交流过程中，相比语言带有的字面意义，80%的意思表达靠肢体语言（非语言因素）

完成。

细想起来，在这方面我好像比那个女同事更具有沟通能力。我善于倾听、善于把对话引向透明敞亮的气氛（因为不懂用英语绕着说、委婉地说），崇尚有效沟通，而且在交流过程中懂得尊重对方的意见，也懂得如何协调彼此的意见以达成共识。更为重要的是，我的同事们愿意跟我共事。她那种具有攻击性和精明的做事方式，或许在处理应急业务时能起到立竿见影的效果，但是在长远项目上只会是减分项。

谷歌每年会做两次业绩评估，其中包括由6—7名同事参与的"同事评估"环节。在做完各种选项后，最后两道是主观题。

"A真正擅长的是什么？"

"如果想做得更好，A可以做哪些改进？"

一个是擅长的，另一个是新的可能性。评估者根据提问可以直接写具体的答案并给出实质性的、有帮助的反馈意见。

"金恩住最擅长的是什么？"一个同事给出的近期评估如下：

"有着很好的沟通力、经验值、洞察力，但最为擅长的是沟通，且具有亲和力，属于为人干脆、表达明确的沟通类型。能够把各种利益关系群体融洽地合为一体，而且对于自己负责的业务能够积极乐观地对待。"

由于我的英语不熟练，所以在以英语为母语的圈子里很容易缩手缩脚，对于自己原本擅长的也变得不那么自信，对自己不擅长的却无限放大并给自己设置障碍。

没必要手里握着宝石却当作廉价的石块。认清自我价值，能够以"我"为乐，并完全沉浸其中时，你才会真正发光。用那些不属于自己的东西隐藏和掩饰，最后只会丢了真实的自我，剩下虚假的外壳。而假的很容易被人们识破。同样，如果我不展示自己所拥有的宝石，人们就会用他们的尺子随意给我标价。

我的宝石，由我自己来标价！

由于《警察故事》系列和《尖峰时刻》大获成功，中国香港演员成龙成功进驻好莱坞。我观看过一期他的美国脱口秀节目，感触很深。他的英语似乎没有我说得好，但丝毫没有妨碍他的表达。他的谈吐带动着现场的每位听众，大家都为他欢呼和尖叫，深深地被他的话（确切地说是被他的魅力）吸引。凭借在电影《米纳里》(Minari) 中的精湛表演，席卷了全球各大电影节奖项的尹汝贞的采访，也给了我很大的触动。面对采访镜头，尹汝贞女士从容地在韩、英两种语言中切换，将她50多年深厚的演员功底展现得淋漓尽致。自然的东西最可贵，它独一无二且散发魅力，这正是打开听众耳朵和心扉的灵动钥匙。

| 克服英语恐惧症的特殊学习法

1998年，20多岁的我跟随留学的丈夫来到了美国。英

语我早在中学时就放弃了，大学时虽然勉强避开了"F学分"，但也基本和"英语盲"差不多，而我不得不面对全新的异国生活。就这样我被赶鸭子上架一样开始了生存式英语学习，是的，是"生存式"，单单是"学"。

美国的公司很是注重讨论能力，尤其是谷歌，比我以前就职的任何公司都更加注重讨论能力。相比解决方案，他们更喜欢在问题确定环节上投入更多的精力，一而再、再而三地反复确认这样做的必要性。（围绕像"为什么我们必须尝一尝便便""为什么能确定它肯定不是便便"这样的问题，探讨得有条有理、严肃而悲壮，甚至提升到唯美的境地。真是彻底服了！）也因为这种自由的企业文化，成员可以随意合作和拆分，按自己喜欢的方式做事，如果不想做就不去做。所以，领袖必须要有凝聚力才能驾驭自己的团队。对一个领袖来说，必须具备的诸多素质中最重要的就是影响力，而逻辑思维和口才是成就这种影响力的关键。

我在谷歌度过的第一年，犹如在漆黑的隧道里前行。于是，我认清了想要在美国继续度过一段时间，必须参与经济活动。而想要实现这一点，英语是必须攻克的难关，不能逃避也不可回避，更不能妥协。唯有全力以赴地学好它。

一旦意识到这一点，我便毫不犹豫地报了个网上读书俱乐部。

群里共有6个成员，周一到周五每天拿出1个小时朗读英语原版书。作为上班族、主妇、宝妈，我只能从晚上10点开始用1个小时学习英语。

那时是2020年1月，所以到今天我也算是坚持了不短的时间。开始只是抱着试试看的态度，现在回头去看，却收获了意想不到的效果。我也很乐意分享一下自己的经验，希望能对英语学习者有所启发和帮助。

— 治愈对英语茫然的焦虑心理 —

每天用1个小时学习英语，原先对英语那种茫然的不安、恐惧、自暴自弃、沮丧和消极心理都消失不见了。英语提升或许没那么明显，但曾经的自我否定和自虐想法确实减少了许多，取而代之的是成就感和自豪感，以及由此带动起来的积极的心态。有过健身经历的人都知道，它除了让身体强健以外，还会让我们恢复自信心，产生成就感，从而精神焕发。

— 克服英语恐惧症 —

就像前面写的，中学时我是彻底放弃了英语，所以对英语有严重的恐惧症。大一时英语是必修课，学生要在课堂上轮番朗读原版英语读物。这对于当时的我来说是非常难受和羞愧的事情，所以我对在别人面前朗读英语读本有着本能的抗拒和巨大压力。但在线上就不同了，读书俱乐部的成员互不认识，大家处境又差不多，所以即便读错了也没什么。没有思想包袱，英语阅读自然就轻松了许多。

— 克服英语偏食 —

除了和工作、孩子和生存有关以外，其他的英语词语我一无所知，很是惭愧。会说的英语非常有限，主要是靠所知不多的单词和语句应对最基本的生活沟通需求。

加入读书俱乐部之后，随着学习各种主题和内容的英文书，我开始均衡地接触新的单词和语句。想要健康就要关注饮食和体质原理，学习语言也是一样的道理，只有了解和认识语言的文化与历史背景，才能真正掌握该语言。

令人新奇的是，新学的单词和语句开始在日常生活中被看见和听见。一直以来自以为至少工作上涉及的英语，自己还是略懂一些的，没想到不懂和错过的太多了，正如那句"学而后知不足"。

— 练就英语肌肉 —

人们常说舌头僵硬、舌头不听使唤，在进行英语朗读时，我也意识到自己所认识的单词和实际能使用的单词完全是两码事。正如懂得烹饪步骤和会做饭是两码事一样。比如，文章中出现"citrus"（柑橘类水果），你觉得这个词明明认识，但是想要发音时又感觉脑子里一片空白。特别是"explicit"（清晰的）、"implicit"（暗示的）、"exacerbate"（使恶化）这类单词的发音，需要运用韩语里不经常使用的面部肌肉、口腔肌肉、舌部肌肉……所以平时在生活中遇到这类词时，我也会有故意避开或说得模棱两可的倾向。当然，这时对方免不了会因听不懂反问:"What?"(什么?)

在读书俱乐部朗读就不会有那么多顾虑了,心态会放松许多。遇到发音难的单词也会反复去读,不再像以前一样试图含糊其词,蒙混过去,而是尽量把它读得精准。也多亏这段经历,再遇到这类单词,我不再打怵,能够自信地表达。

— 朗读的力量 —

由于英语基础薄弱,写作成了我生存式英语学习过程中最吃力的部分。阅读用眼睛扫一下就能了解大概内容;听力主要靠观察别人的表情和手势,很大程度上靠蒙;口语交流靠肢体语言和对方的理解能力实现沟通。唯独英语写作,实力究竟如何一下就被展现在纸面上。我每次写文章都会因为不确定时态、冠词、介词该怎么应用而陷入崩溃状态。到底是"a"还是"the"?是"on"还是"in"?口语表达时基本能听懂,但是用文字交流时它不仅传递信息,更重要的是在展现知识掌握水平。将学到的知识用白纸黑字呈现在眼前,让我无处可藏,对于写作的恐惧我始终无法克服。

在朗读过程中认真对待时态、冠词、介词等,久而久之我似乎找到了语感,可以凭感觉本能地判断出这时应该用"on",那时应该用"the"。我们在用电脑文档时借助自动拼写功能或单词提醒功能,可以当即发现和纠正错误,但是这种做法并不会在头脑里留下深刻印象。朗读读物与此不同,当我们按照文脉和情节慢慢去读时不但可以理解内容,朗读的声音被再次输入大脑的过程还可以起到加深记忆的效果。

— 蓬生麻中 —

在过去十几年里,我每年的新年目标无非是减肥、运动、学英语,但总是三天打鱼两天晒网,很难坚持下来。就这样反复尝试和失败,最后变为自暴自弃。在读书俱乐部,大家一起学英语,时间久了,彼此也就有了亲密感,会互相激励、互相赋予动机。我切实感觉到了学习英语不在于方法(减肥、运动也是同理),而在于能坚持多久。

可以找一套适合自己的原版书,坚持学下去。控制好每天的阅读量,以免目标太高反而成为负担。这时的英语阅读就可以成为习惯,你能够从中感受到快乐和成长。

我在读书俱乐部读过的原版英文书(附中文版书名):

——*Atomic Habits*,James Clear(《原子习惯》,詹姆斯·科利尔)

——*Looking for Alaska*,John Green(《寻找阿拉斯加》,约翰·格林)

——*Becoming*,Michelle Obama(《成为》,米歇尔·奥巴马)

——*World War Z*,Max Brooks(《僵尸世界大战》,马克思·布鲁克斯,僵尸小说中描写的情形与当前大环境相似)

——*Nudge*,Richard H. Thaler(《助推》,理查德·泰勒)

——*A Man Called Ove*,Fredrik Backman(《一个叫欧

维的男人决定去死》，弗雷德里克·巴克曼）

——*Factfulness*，Hans Rosling（《事实》，汉斯·罗斯林，极力推荐）

——*And Then There Were None*，Agatha Christie（《无人生还》，阿加莎·克里斯蒂）

——*A Little History of the World*，Ernst H. Gombrich（《简明世界史》，恩斯特·贡布里希，沉迷于老子的自然无为思想）

——*21 Lessons for the 21st Century*，Yuval Noah Harari（《今日简史》，尤瓦尔·赫拉利）

  初来乍到，美国的一切对我来说都是陌生和恐惧的。第一年家人从韩国来美国，我和先生去机场接机。在机场停车区停车后，他让我进去看看飞机有没有落地。我因为不懂英语一直对西方人有着恐惧感，所以坚决表示要在车上等着。先生把车停好后前脚刚进机场国际到达部，后脚就有警察过来示意我挪车。我跟一个服装店橱窗里的模特一样，直愣愣地坐在副驾驶座上一动不动。那个警察招呼了半天也不见我有回应，便开出一张罚单夹到雨刮器后消失了。这一切就发生在我的眼前。等到先生回来看到罚单和木偶一样僵直的我，眼里流露出无语的表情。唉，我也不想啊！

谁都可以尝试的英语学习方法

欧洲出差期间，我一直坚持读书俱乐部的晨间原文朗读打卡活动。论出席率，我觉得就算拿不到满勤奖，拿个勤学奖是绝对没有问题的。

眼睛快于嘴，所以朗读时会去查看周围的字词。在哪里断句、是哪个角色的台词、后续会有怎样的感情起伏和发展……提前判断可以为后续气息和语调做指南。

对我来说，英语朗读时眼睛和嘴的速度差不多。遇到陌生的单词，我就会习惯性地按照字母或者音节划分，然后用眼睛判断，以便尽可能发出接近的发音。有时候把爸爸的台词误以为是女儿的台词，用女儿的声音读出来后才恍然大悟，弄得无比尴尬。那时好像理解了李御宁教授那句"不懂含义，朗读的语调就会大不一样"的意思。

这个过程持续了1年后，我稍微掌握了用眼睛浏览相关句子的能力。对于文章应该在哪里断句、哪里该强调语气也有了朦胧的判断，而且明显感觉到朗读时的气息相比过去更加自然流畅。

我想起初学英语时初一英语教师带给我的种种压力：庞大的单词背诵量、俗语背诵作业、小测试、可怕的体罚……这些枯燥而恐惧的瞬间，导致我对英语课很是抗拒和害怕。由于当时的背诵方法已根深蒂固，只要看到"friend"这个词脑子里就条件反射一样嗡嗡响起"f-r-i-e-n-d"。

单词量无疑是英语学习的重要基础，只有认识单词才能听懂和应用它，但这也不是靠死记硬背就可以解决的。特别是像我这样年龄越来越大的人……在学习英语的道路上我也做过不少尝试，走过不少弯路。下面总结了几点在我看来有用的英语学习方法。

— 目标：1天只背2个单词 —

如果让我读1小时英语文章，把所有不认识的单词画上线，我估计能画出一本词典的分量。说来惭愧，我的英语基础非常薄弱，在美国生存全靠仅有的1000个单词量硬撑。我给自己定了目标，甭管是单词、俗语、句子，每天只记2个。嗯，就2个。学习目标降低了，压力也就不存在了，而且这个小目标反而会让你跃跃欲试，突然起了斗志。目标在可控范围内，自然也记得更加牢固。1天背2个，别看数量不多，1年坚持下来就是500多个，2年就是1000多个单词了。以前是靠1000个单词坚持下来的，2年后一跃达到了达人水准。当然，随着时间的流逝，这些背下来的单词当中会有一部分已经忘得差不多了，而且事实上拥有2000个单词量根本说不上是英语达人。但遐想和憧憬让人有足够的动力每天坚持背单词。

目标合理、切合实际，成功的可能性才会高。如果不是准备英语能力考试，那么我建议制订一个小目标就可以了，但要每天坚持，使之变为习惯。我的词库没什么规律，纯粹是看着哪个单词"顺眼"就选哪个，再从其中挑选2个比较实用的单词。难度大的单词都是回避不选的。选择符合自己当前水平的单词去背诵和消化才是重点，比如下面这些词。

——lukewarm：不冷不热的，也表示反应平平、不温不火。表达"消费者反应平平（反应一般）"时，可以用这个词。

——earworm：耳朵虫。这个单词的意思是余音绕梁，总在耳边回荡的歌。

——throw shade：中伤。打算卖弄一下高级表达时使用，是特意选定的单词。

——saturation：颜色饱和度。有些文章中意为"饱和"，这种表达让我耳目一新。

——"I feel marginalized."（marginalized 和 isolated 或 excluded 意思相近，可根据需求选用）：这句话的意思是感觉被边缘化、感觉被冷落。"margin"（余白、边沿）在设计工作中经常出现。这类词让我感觉很熟悉和亲切。

— 近义词、衍生词的复习方法 —

近义词、衍生词、相关词捆绑式复习。可以结合朗读时遇到的单词，有利于加深记忆，比如下面这些词。

——officious：知道"office""official"，但不了解"officious"。表示傲慢、耍威风。了解了单词的意思之后，就会认同这个表达方式。

——plummet, plunge：栽跟头、骤降。股市行情波动时经常出现的词。

——mutter（嘀咕）、mumble（嘟嘟囔囔）、murmur（窃窃私语）：这些词在小说中容易出现。女儿特意向我介绍了它们的细微区别。

——counterproductive："productive"（生产性的）、"nonproductive"（非生产性的）是工作中经常使用的单词。学会了负效应用"counterproductive"表达。这好像也说得通。

查找典故和词源

有时候看书会突然好奇某个词的来源，其实了解单词的来源可以让我们的记忆更加深刻，比如以下这些单词。

——bear market, bull market：熊市和牛市。股票行情术语。"熊市"一词源于熊在打斗过程中向下劈开的姿势，"牛市"则源于牛角上顶的姿势。这也是证券街摆放很多黄牛铜像的原因。

——fiddlesticks：无语、不像话。以前小提琴被标注为"fiddle"（与以前奚琴的俚语类似），"fiddlesticks"指琴弓。没有小提琴只有琴弓，这种状况令人无语！

——"The proof is in the pudding."：原意为布丁入口前无法知道它的味道，比喻预测和结果有出入。我还记得刚学完这个词，第二天开会时有同事在讲到产品测试时刚好提道："The proof is in the pudding."当时我还觉得挺巧、挺亲切的。

——hue and cry: "hue"是设计中经常出现的单词，除了色调以外，还表示大喊。另外，"cry"除了哭泣以外，还有尖叫的意思。所以"hue and cry"就表示大喊大叫、喧闹。据说以前在英国，如果目击者不大喊协助捉拿小偷，就要受到惩罚。"I raised a hue and cry."（我大声叫喊。）

― **搜索图片** ―

查找英语单词时，我会先查韩英词典，意犹未尽时，就会搜索一下谷歌，用谷歌英语词典查找词义。名词或形容词类单词我会点开图片标签，动词会点击新闻标签。

下面这些词我把它们归类为图形单词，因为搜索图片会一目了然，这远比理解文字解释快捷得多，也更为直观。而且对于像我这样习惯了视觉记忆的人，利用图片将信息输进大脑更有效。

—— bull market: 牛市

—— pew: 长椅

—— noose: 套索

—— hut: 小屋

—— fizzled out: 不了了之

—— nibble: 小口小口吃

—— cot: 婴儿床、简易床

― **新闻搜索** ―

在谷歌搜索单词后，首先要确认它在句子中的具体应用方法,以及近年的使用频率(主要是读古典作品时),想要确认这一点最好的方法就是点击单词页面上的新闻标签。这对于了解该词在文章脉络中是如何使用的有很大的帮助,比如下面这些单词。

——shun: 避开

Australian government says work from home is over, but employees still shun office.(澳大利亚政府宣布结束在家办公模式,但员工们都在逃避上班。)

Shoppers who shun credit cards will still borrow $20 for candy.(那些排斥使用信用卡的消费者依然会为买个糖果借20美元。)

——reckon with: 处理、处罚

How COVID-19 forced social media to reckon with misinformation?(新冠肺炎疫情局势是如何强迫社交媒体对假新闻进行处理的?)

― 唠嗑说故事 ―

读书俱乐部的课程设置分为50分钟朗读和10分钟分享(单词、表达、解释)。这个唠家常环节往往容易拖堂。欧巴桑的家长里短可想而知……但这种唠嗑对于记单词其实蛮有用。

—— dunce: 蠢货。据说"dunce hat"是过去给学习不好的学生起的外号(搜索图片得出的)。以我的理解应该是跟韩国的体罚文化差不多,在学校要是有喧闹或者成绩差的学生,

就让他举双手到教室后面罚站。对于体罚现象，大家你一句我一句都表示震惊和难以接受，这个单词也就带着情节深刻地被留在了我的脑子里。

——cope with：应对。读书会有个成员是在医院上班，学到这个词时他特意给我们讲了在急救过程中医生会经常用到这个词，并举例说明了急救过程。所以我对这个词也印象深刻。

——lucrative：有利的。成员中有个会计师，说自己的姐姐经常会用到这个词以炫耀和显摆，恨得他牙痒痒。然后，他又说了一些姐姐的趣事，听得我们哈哈笑。

——partisan：拥护者、信奉者。啊……我万万没想到它还有个意思是游击队，也没想到英语里还会有游击队这个词。这个词源于法语，表示没有被编入正规部队的武装队员。

— 活用 —

新学的单词和语句要找机会尽可能多地在公司使用，比如"surreal"（超现实），这与大环境很像，所以会用得到。一旦开始留意，你就会开始从一堆语言乱码中听懂一两个词，会很有成就感。比如下面这些词。

——take it with a grain of salt：（夸张的故事）过滤着听。直译为撒点咸盐进食。质感生硬、难以下咽的食物，撒点咸盐容易下咽。

——"You've got chops."（chops=skill/performance）：有天赋。此句意为手艺好。"chop"具有嘴、肋骨、刀法等意

发音练习口型图示

思。据说源于"熟练的小号演奏家之嘴"。

——whack a mole: 砸地鼠游戏。直译为砸地鼠。

It's like whack a mole. As soon as you fix one, another appears.（砸地鼠，顾此失彼。）

——"Leaders control the weather.": 领队左右天气。意思是领队能左右一个团队或整个公司的氛围。

— 发音练习 —

有些单词发音很难，我就用谷歌发音校对功能进行反复练习。在谷歌搜索中，有类似DAUM的口型图标，标注为"发音学习"（learn to pronounce）键。点击这个键就能出现发音练习功能。摁住"练习"（practice）键，输入自己的发音，系统就会指出发音错误的部分。

一谈到英语学习就感觉自己有说不完的故事，其实这也意味着当时我经历的挫折和坎坷有很多。

让我又爱又恨的英语!

我生完孩子后是娘家妈妈伺候的月子。有一天跟妈妈一起去大型布匹市场购物,想买些缝补贴给旧衣服补补洞。这种缝补贴不用做针线活,直接把小布块放在需要缝补的位置上面,用熨斗轻轻按压直至小布块稳稳地贴合就可以了。不仅方便,可选的图案也很多。但是到了那边却有点傻眼了。东西超多,而且我们也不知道那个东西用英语应该怎么说,也不知道该怎么向店老板解释。

看我支吾半天也说不出什么,妈妈一下子没了耐心,让我去问售货员。我坦白说我不会用英语讲那些词。妈妈终于沉不住气了。"Excuse me."(哇呜!我妈在使用英语这件事情上,绝对是勇敢无畏!)

"Excuse me."

妈妈用带有鼻音的英语问过去。只见她用手指了指裤子,又用双手画了个圆表示"洞洞",然后做了个双手交叉的手势……颇为满意地等着店员回应。这一波操作看得我恨不得躲起来……哎呀!我的母亲大人。

一番折腾后我们总算买到想买的东西。等到走出门,我跟妈妈说裤子不叫"jupon",叫"pants"。

妈妈表示很不理解:"天啊,这些色色的家伙,怎么内裤叫'pants',长裤也叫'pants'?"

这天,妈妈的词库里又积累了一个新词。有时候我觉得我和妈妈可以合写一本书,书名就叫"叽里呱啦系列英语",肯定会大受欢迎的吧?

说英语就是靠自信和内容

从第一次接触英语开始,我恨了它10年,所以英语对我不友善自己也能理解。如今一起相处的时光也有22年了,现在我已经能够靠默契略懂"她"的意思了,就算是偶尔坑我,让我栽在英语上,我也有了忍受那点小折磨的底气了。

再来说说英语学习路上经历过的糗事。当年痛苦不已,如今却能笑着回忆。唉,真是令我感慨。

花絮1

入学美国研究生院后,我到留学生管理部(国际事务所)办理材料手续。在陌生而宽阔的大学校园里,我漫无目的地走着,看到一个写字楼便径自走进去,鼓起勇气问:"请问国际事务所在哪里?"

对方说:"2nd floor。"(二楼)

看来是找对地方了,总算可以放心了。我又问道:"This gunmul?"(这个楼吗?)

我还特意在"l"的发音上强调了一下,但很快我就觉察自己说错了。好在那个人听懂后告诉我:"Yes!"

我常常说着英语却突然蹦出韩语。

花絮2

研究生集体项目创意会议上,学生们正在讨论,我提议可以用迷宫形式设计方案。

看着那些美国同学面面相觑的样子,我觉得可能是"r"的发音不到位他们才没听懂,于是又尽可能调动起我的舌神经,重新说了一遍。他们依然一脸懵地露出不知所云的表情,于是我只能把拼写方式再说一遍。

"You don't know 'm-i-r-o'?"

那时我觉得迷宫就像英语一样,所以我的脑海里会经常发生韩语摇身一变成为英语的事情。不过我也是后来才知道,迷宫在英语里是"maze"。

花絮3

我们在圣迭戈购置了第一套属于自己的独栋住宅,并在入住之前装修房子。不同于韩国的地暖,美国是用空气冷暖气调温,所以打扫送风管非常重要。当时我所在的高通公司有一个内部员工邮件沟通社区,我加了其中一个"房子装修"邮箱群以便关注相关信息。有一天,我群发邮件问了一直困扰我的那个问题:"When should I clean a duck? Should I clean it before moving in or do it after moving in?"(收拾鸭子通常什么时候进行?搬进去之前还是搬进去之后再收拾?)

很快就有热心同事发来回信。当然,也是群发形式的。

"Well, a duck is something you clean before you cook or after you shoot."（嗯……我认为鸭子可以在烹饪之前收拾，也可以在猎杀之后收拾。）

我这才反应过来自己把"duct"（管道）写成了"duck"（鸭子）。啊！该死！这可是300人的群发邮件啊……

花絮4

有一次我给高通公司关系很好的美籍同事发邮件，告诉她我打算回国一次，恐怕有段时间不能见面了，还在邮件末尾加了一句："I'll bring yummy Korean snake for you!"（我会给你带韩国好吃的蛇！）

天啊！我竟然把"snack"（小吃）写成了"snake"（蛇）。为什么每次发完邮件才会发现写错了？天啊，竟然说什么韩国好吃的蛇……让人哭笑不得的是，这样的邮件很容易让这位外国同事误以为在遥远的东方国度可能真的有一个好吃的物种……总之，这件糗事成了我跟她之间的一个小插曲，我们时常会提起它然后一通哈哈大笑。我也很郁闷这种糗事怎么一个又一个没完了呢……

人们以为，只要英语好很多事情都能迎刃而解。在跨国公司上班遇到难题时，也很容易归咎为英语不好。但是在想到英语这个因素之前，我认为应该先想想是不是还有更重要的原因：第一，个性中是不是有着独一无二的特色？第二，自己身上的其他优点会不会因为英语不够好而被忽视和掩盖。

一旦拥有了自己的特色，其次的就是自信心了。广告计划书是即使以英语为母语的人读起来也感到费力的领域。就像演讲一样，即便用母语演讲也会感到很难。

前段时间，为了给新上任的董事介绍团队工作情况和来年的目标与战略，我做过一次长达1小时的广告计划报告。讲完之后，我请当天参加的几位同事提了一些意见。当时收到的反馈如下：

在谈到开发初期可能存在的难题时，往往很容易给人一种抱怨的印象，但你的发言听起来不存在这些且处理得很好。关于当前市场竞争局势下产品研发将要实现的蓝图也展现得十分清晰，合作部门的业务协作也概括得简要到位，其中印象最深的一句是："当产品本身足够卓越时，那么销售额自然会跟上来。"

各组提案中，你的最好。

有时候也不需要投入过多的精力，或一定要做好万无一失的准备。比如，我近期做过的印象最深的一份广告计划书，准备工作只用了10分钟，发表用了5分钟。这份视频文件是部门研发产品的长远规划介绍，很快在别的部门间相继传开，反响大好。其他部门也纷纷发来邀请讨教制作经过。我的广告计划书是这样开头的。

"Long long ago, there was a man called Evan."（很久很久以前，有一个叫伊瓦的人。）

大概谁都没有想过一个公司的广告计划书会以讲故事的方式开头，一下子把全场逗乐了。通常能达到这样的效果，基本胜券在握了。因为人们记住的并不是故事本身，而是听着"有趣"的一种体验，是一份性价比超棒的广告计划书。

越深入学习英语，越能感受到母语的博大精深

在三星电子，有一次我们开碰头会探讨智能手表添加智能留言回帖（快捷回复推荐）功能。如果是英文系统可以有多种解决方案，但是韩语系统实行起来就非常棘手。因为这不仅涉及技术问题，还涉及语言的微妙语感，很是难办，不是设定几个留言模板就能应万变的。很多时候推荐的快捷回复并不能采用。

单是敬语、非敬语就是很大的问题。如果有一个统一的模式，那么敬语用敬语回复、非敬语用非敬语回复该多简单？但是在韩语里，根据年龄不同、关系亲疏，所用的语法都不一样。假设收到一条非敬语式消息："今晚有空吗？"然后系统推荐了同样非敬语式的快捷回复"嗯，有"，或者"今天恐怕不行"。在其他语言中，通常用户直接选一个点"回复"就可以了，但在韩语里不可以，稍有不慎很容易引发不可收拾的后

果。就像有一次我们部门的常务为新产品上市值夜班，刚好副董事长发来一条短信，他也没多想就点了"嗯，行"。等他反应过来时脸色煞白，拔腿直奔副董事长办公室。那一幕实在是太令人难忘了。

那干脆统一设置成敬语式快捷回复，不就避免了这些问题吗？是不是可靠多了？然而并不是。比如儿媳妇问："今晚您有时间吗？"婆婆回复："是！"儿媳妇看到这毕恭毕敬的回复，瞬间会手脚慌乱吧？"是不是我说错了什么？婆婆这语气是在生气对吧？难道我之前做错了什么？"可见，即便是敬语，如果和语境不符同样很容易招致误会。而且同样是敬语也有区别：有的敬语使用在严肃的情境中，有的敬语可以用在小朋友身上。

还有一个难点是韩语表达中蕴含的意义，每个单词的使用情境都不相同。"是""好""好的""嗯""是的""嗯嗯"……智能快捷回复中原本有"呵呵"的词条，后来有人提出"这都什么年代了，应该用'HHH'"，有的说"不对，'呵'才是对的"，有的说"明明是'呵呵'使用频率最高好吗"。最后也没讨论出合理的方案，会议也不了了之了。（这可真的要感恩世宗大王造字的博大精深。感恩！）

我在谷歌人工智能秘书"谷歌助手"开发部进行过人工智能声音服务研发项目。语音对话设计和文字对话设计完全是两码事。音色、音调、语调、表达方式，其中任何一个变动，表达效果都会不同。即便是无声状态时也会被赋予特定意思。两者更大的区别在于一旦即时对话中断,其脉络就会被打断,所以用户提问时一定要简短(比如"今天天气怎么样?")。人工智能秘书重新发出提问(比如"请问闹钟要设定几点?")时,一定要在她还没有说完之前尽快回应。即时对话情感投入度偏高,一旦操作出错就很容易让用户心生反感。

语音对话中渗透着许多我们未能意识到的习惯和文化。在与人机秘书对话时,首先要喊她的名字唤醒她工作。类似"Alexa""Hi Siri""Google""Genie""Hi Bixby""Hey Kakao"的用法。用户调查显示,在无须唤名模式下启动时(按键唤醒功能)也会习惯性地喊名字开启对话,理由是这样会显得更为礼貌。考虑到各国语言和文化差异,就不难理解把语音助手本地化绝非单纯的文字翻译,而是需要各领域专家参与的大型工程。如果省去这个细节直接套用,就很容易让语言显得生硬和不够礼貌。

韩文版《每日经济》刊登了谷歌崔贤贞(音译)语言学博士的一篇采访文章。

— 韩语里语境不同,语感不同 —

在英语中,如果夸赞别人衣服漂亮,人家会立即回应"Thank you!"(谢谢!)。但韩语就不一样了。同样说到你衣服漂亮时,回答就会五花八门。有的回答:"嗯,这衣服买得挺便宜的。"答案完全不按套路出牌。社会文化发展快速且复杂,所以想让机器理解韩语,注定要投入更多的努力,做好文化研究与技术研发,从这点来说,韩语语言体系为人机语言研究领域做出了不小的贡献。

在韩语中,语调非常重要(比如同样的"好",尾音上扬和尾音下降的意思完全不同),书面语和口语也完全不同。省略了主语,大多表达谦让的态度。近年来也诞生出大量流行语,像"非接触式"(untact)、"圈内人"(insiders)、"局外人"(outsiders)这样半英半韩式的词。"在韩国,科学技术不可触及和解释的领域太多太多。""韩语是非常独创的语言。"因此外国人感到韩语太难,机器也觉得难。崔博士表示:"汉语这门语言,人类去学时会觉得难度很大,但是机器可以轻松背下《千字文》,也容易把汉语结合到机器上应用。语言也分为机器容易接受的和不容易接受的,韩语就是后者。"语言研究工作中她也常常感悟道:"如果一个功能在韩国研发和应用成功,说明应用到别的语言体系时也完全不会有问题。"

由于英语不是我的母语,所以很多时候我都需要用韩语进行思考后,再转换成英语表达,每当这时我就会陷入窘境。可能大家都有这种体会,语言表达如果达不到预期值是真的会不尽如人意,如"酥酥脆脆"和"松松散散",用英语就表达不出这种意境来。再如"总觉得不得劲",用"Something feels not right."远远不足以表达这个意思。这种不痛快可不是你想的那样，就好比去了医院大夫问哪里疼，你却不知道该怎么回答，搞得自己很是抓狂。

"肚子哪里不舒服啊？"

"突然这里刺痛，肠子跟拧麻花一样，一阵儿一阵儿的。"

在美国这样和大夫沟通，恐怕说了半天，结果是肚子疼，头更疼。（可是在韩国就不同了，这么说大夫都能听懂到底是哪里疼，不得不佩服语言的只可意会不可言传……）

女儿在韩国上的小学，后来到美国上中学。有一天学校打来电话说孩子可能有自杀倾向，让家长过来面谈。听了老师一番说明，我好像听懂了事情的缘由。原来孩子平时说话喜欢带的口头禅，如"饿死了""困死了""无聊死了""烦死了"等导致产生误会。孩子直接按照韩语表达习惯说的英语，也难怪老师会误会。我只好向心理咨询师解释，孩子从韩国来美国不久，两种语言混合着用，所以会生出这样的误会，又用了半天解释了韩语的表达特点，这事才总算平息了下来。

妈妈经常自豪地跟我们说，在她的朋友当中自己的英语最棒。她自己也确实喜欢学英语。每认识一个新单词她都喜欢在朋友中炫耀。据我了解，妈妈有一套自己独特的背单词方法。比如"grandmother"，她的理解是"奶奶身上的味道"，所以奶奶用英语说就是有味道的妈妈。来美国时，妈妈常常会问一些英语方面的问题。有一次她问我"很高兴见到你"用英语怎么说。我告诉她是"Nice to meet you！"妈妈仔细听过后，似乎对这个发音非常满意——"奈斯觅求"。有一天，她从外面运动回来后激动地说（大概是健身时遇到的人）："我刚刚跟当地人打了招呼，我说'奈斯觅求'，人家听了可高兴了。天啊，我觉得我在美国生活一点问题都没有。"（啊，我可爱的妈妈！）

英语既不是编码也不是技术，它是一门语言，语言是蕴含着文化和社会知识的。这种社会因素并不是单靠背诵和短期的努力就能切身感受到，也不是靠3个月速成、背1000个单词就能实现的。所以我英语不够好（不如本土人），作为外国人也是正常、自然的事情。但我可以驾驭韩语，而且还会说英语，这表明两种文化和社会我都有所接触和了解。

我想强调的一点是，在接触不同语言的过程中可以很好地练就融合性思维。我们时常为英语不够好而慨叹和焦虑，但是不同于在单一语言环境中成长只用一种语言的人，那些驾驭多种语言的人更擅长融合性思维。在美国土生土长只会说英语的人很多，我时常能感觉到这些人的世界观狭窄、思维受限。

现在是全球化时代，特别是新冠病毒加快了向数字时代的转换，使全世界紧密连成一个市场。苹果、谷歌、Facebook的海外市场收益占到一半以上。韩国制造的"K商品"也一直面向全球市场创收。拥有多文化、多语言、多经验的人力资源相比局限于某个特定文化圈的人更具有竞争力。有时候觉得我们（韩国人）是不是长期处于被蒙在鼓里的状态？对于自己拥有什么、有多了不起、正在做多么伟大的事情根本意识不到。其实每个人都应该意识到自己内心深处蕴含的强大的融合力量，要认识到这是多么神圣、多么具有竞争力的商品。我所拥有的绝对不是一文不值的，而是独一无二的！

我们为什么不能用全新的视角和理解力，赞美一下大脑每天都在处理的"文化融合作业"呢？它简直太疯狂了！

"现在在哪里？"收到这个提问时，机器为用户自动快捷地回复了当前位置。对于这种功能，开发高管表示很不可思议。

这时机器对应的快捷回复应该是"怎么了？"才合理啊！

准备时间越长,投入的努力和精力越多,

失败时感受到的绝望和挫败感就越强烈。

所以筹备阶段尽量将投入的时间和努力缩小化,

从小事做起,

那么这些日积月累会增强自己的实力和功底。

不是因为有所准备才去申请,

而是因为申请了才去做准备。

Chapter 6

5 年后的我

为了过理想的生活,
现在需要做哪些准备?

一张图表改变人生

美国最大的保险公司——州立农业保险公司总部位于距离芝加哥西南方200千米的伊利诺伊州布卢明顿小镇。我开车要两个多小时才能到达上班地点。这么远的距离,每天从家开车上下班不太现实,所以我和丈夫不得不选择平时两地、周末再聚的生活方式。好在公司解决了住房问题,这样平时可以住在布卢明顿,只有周末时在芝加哥。

布卢明顿给人一种典型的美国中部小镇的感觉。在这里,我每天都能深切地意识到我是一个外来人。这段时期对我来说是糟透了的日子。夫妻平时要过异地生活,让我难以适应,第一次入职美国公司也让我难以适应。尤其是保险领域,对我来说是完全陌生的。想要做好保险系统设计工作，至少要对这个行业有一定的关注，了解各种保险术语（我也是从那时才知道保单叫"policy"，所以保单签订人叫"policy-holder"），以及各个部门（保险设计师及负责管理设计师的经理等）相互的业务关联和运行模式。对我来说，这一切既是陌生的，也是无法理解的。学习速度慢、业绩不明显，满足度自然就降低了。我好像已经丢掉了在这里继续提升自我的动力。这样过了两年后，这种想法变得更加清晰。

"这里不适合我。走人！"

为了确定跳槽方向，我制订了一份"个人事实表"。

[个人事实表]

事实	优势	弱势	战略
我是韩国人	有韩国（亚洲）市场视野、观点及经验	美国市场经验不足	锁定全球市场找工作最好是韩国领先的领域
我是交互设计师	交互设计师，兼视觉图案、编码设计，有调研经验	交互设计需要不断地说服和讨论，注重沟通能力，对我来说英语无疑是短板	大多数美国交互设计领域的从业人员都是认知心理学、人类工学、人机互动（Human-Computer Interaciton, HCI）出身的理科生 我需要充分展示自己的优势，让未来的甲方明白我在所有设计领域的实战经验

续表

事实	优势	弱势	战略
我是IIT设计师 我是研究生学历	名牌设计大学硕士毕业	无	利用IIT毕业生网络平台
我是早期适应者	对新技术、新工具有求知欲	未必符合美国消费者水准	将未来甲方锁定在新技术领域
我富有逻辑性	喜欢和擅长以逻辑系统和框架为主的工作	展示艺术不是我的强项	擅长解决复杂的问题（系统、新技术等）
其他	感兴趣的领域 ——主目标客户群中包括我个人的一类产品 ——全新领域，没有特定模式可参考的新产品 ——研究人 ——可实际用手操作的实体产品	不感兴趣或感到难的领域 ——交通工具（车、飞机等） ——经济相关（保险、银行等） ——服务（需要对文化和社会有深入理解） ——儿童、老年人消费群（非直接经验可能导致理解受限）	

这时去向何方一下子变得清晰明了了。去摩托罗拉！全球营销奖、手机市场中韩国的地位、各国通信公司的各种复杂事项、屏幕小导致的视觉局限……无论是对口程度还是前景，还有比这里更适合的地方吗？一旦明确了去向，接下来只需找具体的方法就可以了。

履历表上的顾问资历、美国州立农业保险公司客户委托人头衔，这些无疑都是加分项。对于如何介绍自己，我也有了清晰的头绪。摩托罗拉总部设在芝加哥，所以有不少员工是IIT（伊利诺伊理工学院）出身，这意味着找人为我推荐不成问题。大概是上天在帮我，当时摩托罗拉正为筹备下一个雄心之作——Razr项目招募人才。就这样，我于2004年4月入职摩托罗拉。

摩托罗拉的工作很适合我。其实这不仅是我自己，也是在摩托罗拉设计部门所有韩国员工的普遍评价，大家的工作都很出色。那时还没有谷歌的安卓系统，或苹果的iOS这样完成度很高的平台，还是厂家按照不同通信公司的订单要求供货的年代。这样一来，不同的国家、不同的通信公司、不同的机型款式简直是五花八门。韩国人擅长背诵、为人诚恳，而且业务处理能力快捷高效，更重要的一点是，他们会在工作中发扬确认再确认的精神，避免发生失误和出错。因为他们从小习惯了一旦出错就被惩罚的文化。

各个通信公司、各种设计款式、各种机型功能……我基本都能记住。一旦有订单需求时，别的设计师要查找所有的设计款式，去查看究竟是哪一种型号……这样解决一个问题往往要耗费很长时间。我因为脑子里记住了所有机型，可以比别人更加快速准确地处理事情。美国经理对我这项技能表示很不可思议。

因一位经理辞职，公司出现一个空缺。我找到部门经理向他毛遂自荐，一一阐述我为什么适合这个岗位，对于当前公司状况来讲为什么这个岗位非我莫属，我作为新官上任后需要承担和履行哪些业务职能。（当时我简直紧张得要命。尽管提前做好了功课，写好提纲且背得滚瓜烂熟，但还是能感觉到心脏跳得厉害。）部门经理表示自己要考虑一下，几天后宣布由我出任新经理。我在美国第一次成为经理。

这次主动请缨的经历让我领悟到什么叫"爱哭的孩子有糖

吃"。部门经理没有读心术，员工对公司、对领导有什么需求，得自己开口说才行。后来，我在韩国公司上班后对这些有了更深切的体会。一旦到了升职季，男员工会主动找经理推销自己，并且直接问清楚自己当前的不足，以及需要改进的地方；但相比男员工，自我推销的女员工非常少见或几乎没有。

和经理面谈表明升职意愿，并不是要什么心机。我认为这个问题要看自己对职业的真诚度和迫切度。因为职场就是这样，你想有业绩表现就必须分到一个课题，且能够独当一面才有可能。经理虽然不能代替员工工作，但可以为员工争取到能够创出业绩的课题项目。如果争取不到就是自己的遗憾，而不是经理的损失。所以谁迫切谁出击，自己的饭碗要自己争取！毕竟饭碗是严肃的问题。

比理财更重要的职场原则

如果正在进行的工作业绩平平让你士气大跌；如果接连的失败让你沮丧和振作不起来；如果想接受新的挑战却迟迟没有勇气提交辞呈……那么我很想奉劝大家，不妨去"换换口味"，去尝试别的事情。譬如，我拿自己的创意作品申请专利，去大学做讲座或在业内协会发表演说，让自己忙碌起来，这样可以让空洞无着落的心踏实许多。因为对我来说，真正重要的是"刷"存在感。

2004年，摩托罗拉激光手机面市轰动市场，原本跌落到10%的市场占有率也因此一跃上升到22%。随后摩托罗拉向市场推出了各种后续衍生款产品：更换颜色和材质推出类似款，设计外形也基本没有脱离激光模式，走相似路线。产品大卖，合作公司大增，订单火爆，软件也相应推出更多版本。这样一来，设计师的工作焦点不再是设计新款式，而是将重点放在了按需供货上。由于现有的软件复杂，改进工作难度也越来越大。我隐约有些不满和不安，感觉一个企业不懂得未雨绸缪，只顾眼前生意，就注定要走下坡路。

此时，丈夫通过了博士论文答辩，收到了圣迭戈一家大学研究所的（非正式）博士后提议。我觉得是时候离开摩托罗拉了，于是上网查看一些招聘信息。一则广告映入眼帘，高通公司总部设在圣迭戈，此时正在招设计师。

"就是它了。"

在我10次跳槽中，有两次是毫无征兆的，纯粹因为翻看招聘广告而决定投递简历最终被录用的，一个是我的第一个工作——《数码朝鲜日报》，另一个就是高通公司。

在高通承诺给予移居援助后，2007年我结束了9年的芝加哥生活搬到了圣迭戈。随后，我陆续收到摩托罗拉的消息都比较凄惨：2008年解聘了3000名员工，2009年解聘了4000名员工。这样一来，我好像在船临沉没前逃离了险情。毕竟是就职过的公司，每次听到负面报道我都会忍不住惋惜和内疚。

随着电脑产业重心转向手机产业，高通专利使用费一直往上涨。

三星电子、华为、苹果、联发科技，这些移动通信半导体企业如果没有高通专利就无法制作芯片。专利的特性就在于它是专属的，所以专利拥有人即便在申请专利后什么都不做，也可以继续盈利，专利成了名副其实的"下金蛋的鹅"。在高通工作那几年我也有几项专利。在高通，只要员工有点子，公司专利扶持部门就会全力帮助员工完成专利申请。这既减轻了个人的负担，又完善了公司的知识产权，对公司而言是个不错的投资。

申请专利程序复杂烦琐，如果不是公司提供专利奖励和援助，我恐怕不会从事这项工作。其实从工作与生活的平衡来看，高通简直像天国一样。虽然它一直以来是什么办公环境我不了解，但是至少在我工作那几年，大部分员工都在带门的独立办公室里工作。设计部门的主要工作包括：未来剧情预测研究、产品开发、可体现高性能芯片功能的试制品研发、开拓新商机领域等。部门职能类似设计研究所，因此基本没有固定的出品日期，也不用顶着巨大的质量压力。在这个部门，我只是按照说得过去的强度应对工作，却也成了别人眼里最认真、最卖力的员工。通常到了下午4点，员工们就准备下班了，有时候也会为了做完手头工作待到6点，恰巧赶上晚下班的同事会担心地叮嘱："Go home, don't kill yourself!"（下班吧，别累垮了！）

当然，并不是所有高通员工都过着舒适优越的职场生活。在圣迭戈新结交的一个朋友抱怨自己的先生因为常常加班，干脆把睡袋拿到公司。我心想：怎么会有这么没人情味的公司压榨员工？却没有开口问。后来才知道她先生是高通的设计师，从事着和我完全不同的工种。

我在高通学到了确定职场方向的两点重要经验：一个是平台和环保系统工作经验，另一个是增强现实设计师的经验。

功能型手机（智能手机的前身）用过的无线二进制执行环境（Binary Runtime Environment for Wireless，BREW）手机应用开发平台，由高通开发和运营，我的工作就是为那些根据BREW制作的手机应用生态整体系统提供系统设计。应用商店APP开发者使用的开发者门户网站的主要职能包括：注册APP并为其定价、设计APP推销方案、确认APP统计信息等业务。应用商店商品管理系统的主要功能是在各个通信公司上传自己的宣传APP、管理产品目录。通过这个过程能了解手机产品在生态系统中经过哪些参与者被传递到用户手中，在这个过程中，每个参与者都起到怎样的作用，如何共生。

这个项目历时两年，倾注了我们太多心血，却不得不放弃，因为这个世界已经进入了智能手机时代。其实项目成败对我来说不是很重要。虽然两年的努力还未见世就化为泡影令人惋惜，但至少我在这两年内经历和体验了平台与生态系统，这些经验为今后的发展和个人品牌塑造（Personal Branding）提供了加分项。这世间你经历的所有事情，都像硬币的两面一样好坏兼具。你能看到什么、怎么看待它、怎么接受它，决定了结果如何。

项目取消后，我立即加入Vuforia（增强现实）部门。它是高通出品的增强现实业务包裹，面向增强现实手机APP开发者提供软件开发工具（SDK），通过开发者网站提供增强现实应用设计指南、开发方法、云盘解决方案。我全权负责Vuforia整体设计工作，而且第一次开始思考屏幕外用户的体验感问题。

以前我从事的设计工作大都是围绕屏幕设计进行的，如屏幕信息显示版面设计、操作按键、菜单、互动结构等，如何设计才能为用户带来最便捷的体验感。增强现实版，顾名思义就是利用电脑可视化技术，为现实加强数码虚拟技术。因此，人机技术、使用环境和互动关系是其设计的核心所在。第一次接触新领域项目，我的兴致又上来了。靠过去的各种实验和研究、探索的经验，我制订出设计指南并共享，创建出了制作参考APP。

给生态系统参与者提供平台，我们再从他们制作的产品中得以学习并加以改进，这种协同效应我非常喜欢。"共学、共玩、共创"理念激发着大家的工作动力。我们成了同一个战壕的战友，共同分享失败经历和经验，形成了新的格局，而这种没有条条框框、没有既定框架约束的工作环境正合我意。金矿向来都是在人迹稀少的地方被发现的。对于新领域而言，失败恰好也是一种财富。在这里，每个小发现、小成功，对于大家来说都可能是火炬一样的力量和启示，荒芜的领域更容易立足和有所建树。

我决定参加学术发布会。学术界与产业界交汇是拓展公司对外关系网的良机。我可以得到公司扶持，做一次看似旅游又不是旅游的出差。而针对现职工作组的会议发表又是一种新的挑战机会，可根据学会设有的论文提交、演讲、讲座、研讨会、事例发表、板块讨论等选择适合自己的申请。我申请的是案例发布和板块讨论，打算分享这些年在工作中积累的经验。美国协会通常提前到5—7月接受申请，只需提供简介就可以，不需要做太多的准备。按要求给指定部门投递申请书，然后等通知就可以了。成就成，不成也不亏什么。（前面我在"抛球"章节中也提到过，学会提出申请等于为明年提前抛出球，是为未来那个懒惰的自己提前做好工作安排。）

就这样，我被选为2013年6月在旧金山举办的"增强现实世博会"案例展示环节的发表者。入选后，我的心里却一阵惊慌，但过去的经验告诉我，这终将会成为过去。准备的时间是充裕的，我思考了一下内容，感觉在韩国举办的学术会议应该也不错。与美国不同的是，韩国学术团体在活动临近时才会受理申请。于是，我申请了于2013年2月举办的"人机交互会议"中的案例发表者，并被成功选中。通常，一旦被选为发表者，向公司申请经费（例如机票和住宿等）就会容易很多。因此，我得以在公司的支持下回到了韩国，可谓是一箭双雕。

很多人在事情还未开始时就惴惴不安，过度担心。又不是一个需要积累学术研究成果的人，我们只是普通的上班族，申请会议发表者未通过又如何呢？即使意外地入选了，也不用担心，从那一刻开始准备就可以了。又或者，即使发表演讲失败，有谁会把这一次失败的经历永远铭记于心呢？但是，若被选为会议发表者，在你的简历上将是一段精彩的经历。与普通参与者不同，作为发表者，社交范围很广。此外，在很多情况下，不仅可以获得公司的经费支持，还有助于在公司内部提升专业信任度。总之，发表文稿的质量不是关键，仅仅是做过发表的经历就会让自己提升。在当今这个时代，并非至诚感天，而是至诚将会飞上天。所以不要再求神拜佛，而是付诸实际行动吧。

对于"各领域人员不断邀请您的秘诀是什么"这一问题，1977年以摇滚乐队"山回音"出道，当歌手、演员、DJ、作家40多年的金昌完如此作答："有些事情别人是不知道的，其实是我自己走到人们面前的，不是他们找的我，而是我主动找的他们。感觉像是在开玩笑，但真的是这样，有谁会特意找我呢？只不过是我站在比较醒目的地方而已。"

他的名气大到在韩国无人不晓，而且作为现役人员活跃了很长时间。即便是这样，也依旧是他在主动接近别人。如此知名的人都这么积极，更何况我们这样的普通人呢。"守株待兔"只会让自己变成"望夫石"。

理财的基础是多元化投资和长期投资。如果你曾经在理财中体验过复利的奇迹，就会懂得通过稳定的、一点一点的长期投资增加财富的乐趣。如果你为了安全地存够用于投资的种子资金而长期在银行储蓄，那么而后用来一次性投资，风险会大大增加。当你面临失败时，挫败感不言而喻。对于像我们这种不懂投资的普通人来说，分散投资，始终以复利为目标的长期投资是一种安全的投资技巧。

管理和发展职业经历亦是如此。准备时间越长、投入的努力越多，失败时带来的伤害和失望越大。因此，将准备的时间和投入的努力减至最少（将自己过多的时间和精力投入到前途未卜的事情中，是一种错误的投资），从小事做起，那么如同复利一样，你可以积累精彩的经历和强大的实力。无论你做了多久的准备，对他人来讲，准备本身并不具备商业价值。在Job Tech中，商品价值是当一个人的行为在职业经历存折中烙下印记时才形成的。不要准备完毕后再申请，而是要申请后再准备。切勿混淆顺序。这是Job Tech的第一定律。

— 我同时申请谷歌和亚马逊的理由 —

每年12月都有必须完成的工作，就是总结当年的主要成果，向亲朋好友发送问候短信，展望2年、5年、10年之后的情形并整理出自己需要做什么。

随着2017年年末的临近，我的脑海里产生了很多想法。我已超过40岁，如果运气不错还能再做5年设计工作。那么，之后呢？我无法想象。当然，我想做设计师直到60岁再退休，但这在韩国似乎并不容易。如今，小学高年级的课程内容逐渐加深，已经到了不在补习班补课，孩子们难以跟上学校进度的地步。而在美国，那是即将升入初中的年龄。这是一个在多方面需要变化的时刻。

我向在美国的朋友发送问候信息时，透露了自己想去美国工作的想法。我有一位在研究生时期认识的好朋友，他曾就职于摩托罗拉和三星公司，如今在谷歌工作。收到我的信息后，他向谷歌人事组推荐了我。

"Hey Eunjoo, you should join Google！"（嗨，恩住，你可以加入谷歌！）

没过多久，我就和谷歌招聘负责人进行了电话面试。与其说是面试,不如说是负责人在为促成这次招聘而努力。这也并不奇怪,我有在微软、摩托罗拉、高通、三星等大型跨国公司积累的22年实务经验,以三星电子可穿戴产品获得多项设计奖并被选为业界核心人物这样"经过验证"的履历,以及因所谓增强现实和可穿戴领域打破现有规则而成功的人物形象等这些令企业心动的优势。再加上,推荐我的朋友在推荐报告上写下了最美好的赞词(后来才知道的),这些使得我看起来像是必须要马上引进的人才。

我对招聘负责人说,如果符合三个条件,我会考虑加入。当对自己所拥有的东西充满自信的时候,优雅地先发制人是推销的技术。

第一,白色图纸,即需要新领域。

第二,平台和生态系统,即打造参与者们可以一起制作和展示的"场地"。

第三,硬件交互,即进行在日常生活中普通消费者能使用的实体产品体验。

我解释了自己过去所做的工作都满足这三个条件,以及我想继续做这件事的原因。负责人认真地听完我的讲述之后,问我在谷歌还有没有其他熟人。因为公司内部推荐人多的话,合格率会提高很多。为了拜托内部员工推荐,我联系了在谷歌工作的老朋友们。尽管多年未联系,但他们依旧非常热情地回应了我,非常感谢他们!

其中一位朋友说,他几年前去了亚马逊。他还说,如果我想再回美国工作,可以去亚马逊,他非常愿意把我推荐给人事组。

求职时，如果申请的多个公司同时合格，就会形成一种竞争模式，各方面对你都有利。因此，如果可以的话，同时申请多家公司始终是最值得推荐的方式。就这样，我同时申请了谷歌和亚马逊两家公司。

因为平日要忙于处理公司业务，我在周末抽出时间整理应聘作品集，分别发给了两家公司。幸运的是，三星电子进行的项目都是已上市产品，可以公开利用的资料很多，因此制作应聘作品集并不困难。

随后，我接到了美国硅谷总部谷歌Assistant组人工智能产品制造部门的面试通知。亚马逊西雅图总部的Alexa组（同样是亚马逊的人工智能产品制造部门）和加利福尼亚州库比蒂诺的秘密项目组（至今不知是做什么项目的）也发来了面试通知。与各公司招聘负责人进行电话面试后，没过多久就确定了面对面面试的日程。我告诉了对方目前的进展情况（如果双方是互相竞争的公司，有利于我来主导日程等整个流程）。为了面对面面试，谷歌为我提供了韩国—美国区间的飞机和住宿，亚马逊提供了加利福尼亚圣何塞—西雅图区间的飞机和住宿。

所有的日程将持续一周：星期六从韩国出发抵达美国，星期日调整时差，星期一在山景城接受谷歌的面试（美国的面对面面试需进行一整天），星期二接受库比蒂诺亚马逊的面试，星期三前往西雅图，星期四接受西雅图亚马逊的面试，之后去圣何塞，星期五从圣何塞机场出发，星期六抵达韩国。日程紧凑得让我难以接受，但请一周以上的假显然是不可能的。

美国的面对面面试一般从1个小时左右的发表会开始。从仁川机场出发前，我一直在加班，根本没有时间准备发表会。到机场以后，我临阵磨枪，才开始准备发表会的资料。无论是在飞机上还是到了酒店后，我不是修改资料，就是进行排练，甚至还准备了事先设计的问题和回答方式。

谷歌发表会共有5人参加，发表结束后还进行了问答。之后我与6名面试官进行了一对一的面试。6人中包括项目经理和工程师，他们一会儿针对我负责过的项目进行提问，一会儿又即兴提问。我时而打开笔记本电脑给大家看资料，时而利用白板说明内容。

谷歌面试结束后回到酒店时，我已经累得筋疲力尽，但还要硬撑着准备亚马逊的面试。参加亚马逊面试需要准备的内容与谷歌是不同的，而且因为完全不知道库比蒂诺组是做什么项目的，所以无从下手。星期二见到了库比蒂诺组，我仍然不知道他们是做什么项目的。他们给我的感觉是正在准备非常重要的机密项目，而且盛气凌人。事实上，决定参加亚马逊库比蒂诺组的面试只是因为它就在谷歌旁边的小区里，因而有助于转职。一个根本不知道在做什么项目的团队，并没有引起我太大的兴趣。

坐落于西雅图市内的亚马逊总部魅力十足且充满活力。事实上，硅谷的风景就像美国其他中小城市一样，完全不符合世界顶级IT企业聚集的尖端技术中心的形象。如果是第一次来的人，甚至会感到失望。没有高楼大厦，也没有建筑物聚集在一起，一片荒凉，以至于令人怀疑这里是不是传说中的硅谷。相反，亚马逊总部所在的西雅图中心街，因为飞速成长的亚马逊又是盖楼又是买楼的，以至于令人感觉仿佛置身"亚马逊城"。

星期三到达后，我参观了亚马逊试运营的无人商店。里面的天花板上悬挂着数百个摄像头，可以检测到人们的动作。我心想，也许未来卖场职员会减少，但是开发摄像机技术的人和管理机器的人会增多吧。亚马逊办公室里有很多员工带着宠物狗上班，看上去有些"乱七八糟"。确实，一座充满活力的城市是具有魅力的（谷歌有些员工只因被这样的城市氛围所吸引，而从距离办公室所在的山景城60千米的旧金山通勤）。

亚马逊有14项众所周知的领导力原则。我搜索过亚马逊面试内容，很多网友评论说有根据这些领导力原则的提问。尽管我是以这些信息为基础进行面试准备的，但在记忆中找出适合各项领导力条款的具体例子，并条理清晰地对其进行说明，还是耗费了我大量的精力。亚马逊和谷歌一样，从1个小时的发表会开始，接着我与5人进行了一对一的面试。亚马逊的面试比谷歌更官方化，就像是"冷都男"（冷漠的都市男子）。

结束紧凑的面试日程后，一放松下来，饥饿感便向我袭来。因为长时间没睡好觉，而且我几乎整整一周没吃东西，肚子里几乎只有咖啡。为了搭乘返航的飞机，我去了西雅图机场。离飞机起飞还有一段时间，我在机场饭店吃了这一周的第一顿正餐。真是天有不测风云，也许正是因为这第一顿正餐吧，飞机起飞后不久，我就开始冒冷汗，出现了眩晕和呕吐症状。只记得因为呕吐，我在狭窄的飞机过道排队去洗手间，再以后就没有记忆了。不知道这样昏迷了多久,待我醒来时,自己已经戴上氧气罩,乘务员在旁边认真地压着泵。幸好乘客中有护士,在我醒过来后问我各种问题,还查看了我的状态。我揉了揉自己的胸膛,心想:原来人是有可能这么突然死去的。想到第二天还要长途飞回韩国,我心里一阵恐惧,但为了星期一能上班,我也别无选择了。

面试回来后,我做事总是心不在焉。刚开始心里还想着"无所谓了,行不行都没关系",但在经历了长达4个月的应聘过程,且最终面对面面试结束后,我确信自己是一定要转职了。谷歌的所有招聘过程都是以委员会系统进行的,这家公司因委员会协调意见和做出决策需要很长时间而闻名。对于应聘者来说,这一过程非常令人泄气。这时,提高速度的最好方法就是利用竞争公司营造如果不尽快做出决定,人才就会被竞争公司聘走的紧张感,不仅可以推进进度,还会产生人们哄抢的效果。于是,我便有了有利于协商的武器。

转职事宜在5个月后终于尘埃落定,我于2018年5月加入谷歌,成为美国加利福尼亚州山景城谷歌Assistant组UX首席设计师。再次进入新领域必然会手忙脚乱,未来发展难以预测,但这毕竟是一次令人心跳的挑战。这便是40多岁的我终于进入硅谷中心——谷歌的传奇经历。

1998年,27岁的我首次踏上美国土地时是傻乎乎的,而2018年第二次前往美国时,47岁的我是勇敢的。这是结婚后第一次由我自己选择并做出的决定。20多岁的我,一心想成为一个能完全对自己负责的大人,而40多岁的我已经俨然成为一个负责家庭的大人了。

我对"找工作是否需要读研究生"这个问题的回答

我经常被问到：读研是就业必不可少的吗？我的回答是"不"。现在，个人能力比以往任何时候都更加重要。找工作要靠学校文凭的时代已经一去不复返了。当然，如果申请条件中有"硕士毕业生"这一项要求，也许应该考虑一下，但如果目的只是在你的简历中添加一行文字，我认为这是一种冒险的投资。

对我来说，我在美国的研究生经历是我职业生涯中最有营养的，原因如下：

第一，人际关系。我在研究生院建立的人际关系对我的职业发展有很大的帮助。在我申请摩托罗拉和谷歌职务时，都得到了我在读研时认识的朋友们的帮助。

第二，培养专业性。硕士学位的英语单词是"master"。正如其意，修读硕士课程是为了精通某些东西。所以，我们需要一个明确的目标，比如我缺少什么、我想通过研究生课程填补什么，以及它将如何在我未来的职业生涯中被使用。我当时是为了在三个方面提升自己，即商业专业性、人类理解（人体工程学、认知心理学）、设计沟通技巧。在韩国工作的三年期间，我的心里一直很郁闷，因此我想通过读研寻找答案。

第三，在美国定居。持有学生签证（F1），可在上学期间获得1—2年的就业许可，且无须担保，这比雇用持工作签证（H1）

的外国员工，公司负担要轻得多。

我就读的IIT设计研究生院，是一所系统地教授设计的院校。该校以艺术和技术的融合为目标，1919年在德国成立，后于1933年被纳粹解散。为了继承艺术学校包豪斯的精神，1937年10月由莫霍利·纳吉在芝加哥设立新包豪斯。莫霍利去世后，学校于1952年被并入IIT。简而言之，它是一所享有盛誉的设计研究生院，拥有悠久的历史传统，传承着包豪斯的设计理念和精神。因为学校的目标是深入研究设计，培养工业社会的设计领军人物，所以只有硕士和博士课程，没有学士课程。

学校不愧是名校，即使熬夜学习，我也很难跟上进度。我每学期至少要修12—13门科目才能完成所有学分，而各种商务课程作为必修的基础科目，让我头晕目眩。商业案例研究和规划方法论我都很难跟上。提交设计方案后，还必须要回答投资从何而来等问题。有一位教授每节课都会让学生发表创意，他总是捧着一个大计时器来上课，发表时间为3分钟。教授说，无法在3分钟内说服他人的创意必须扔掉。

而最难的部分是团队合作。个人作业即便毁了，也只是一个人的事情，但团队合作不同，不能因自己拖团队的后腿，所以我一直拼命地跟着团队的步调走。其中对团队成员的评价给了我一次文化冲击。期末作业结束后，教授将评价表发给大家，要求大家对队友们进行评价，包括以下内容。

"如果你是公司的CEO，你会聘用A吗？"

"如果通过团队项目赚了10万美元，你会给成员分多少钱？"

我瞬间冒出了一身冷汗，在整个作业过程中一直手忙脚乱的我，又有谁会雇用呢？我实在没有信心。而当我详细回顾整个作业过程、思考金钱分配时，又不得不更现实地思考每个成员的贡献度了。做出如此冷静的评价，着实让人惊讶和震惊。

美国大学有3个月的暑假。许多学生都利用这3个月的时间工作赚钱。其中，薪酬最高的工作无疑是在大公司实习。我也不得不工作以支付学费。但出现了一个问题，用外国学生签证在校外工作时需要获得CPT[1]工作许可，而只有持学生签证一年的人才有资格申请。那年暑假是我第一个学期后的假期，所以根本没有申请资格。

正当我为自己未来3个月无所事事、虚度年华而愁眉不展时，听到担任《视觉语言》(*Visual Language*) 设计年刊主编的莎伦教授正在寻找一名自由设计师，在暑假期间为2000年度刊物做设计编辑。这真是一个千载难逢的好机会，因为持学生签证在校内工作无须申请特别许可。我赶紧翻出大学时期的设计作品做了一个作品集，找教授表明我可以胜任。就这样，我在研究生第一个学期的暑假里在学校上班，作为兼职设计师赚了钱。

向周围广而告之自己的需求，总会有人提供帮助。与其自己闷出病来，不如告诉周边的人。

放假期间每天去学校工作的时候，我结识了一个好朋友，他就是管理学校系统的IT经理艾伦。大多数学生都因为艾伦的高冷

---

1 即Curricular Practical Training：课程实习训练，将教育过程中的实践经验视为学习延伸的签证。——译者注

和直率而害怕与他相处。在空荡荡的学校里，我们每天见面都相互打招呼，自然而然变得亲密了起来。一天，我们一边喝咖啡一边聊天。我说学校内网（内部系统）太旧，用起来很不方便。艾伦说，他正考虑更新呢，并建议我做一个设计。于是，我得以同时进行两份工作：一是帮助莎伦教授做年刊编辑设计，二是改编学校的内网系统。真是天上掉下来大馅饼！学校内网经常需要小更新，所以我甚至在上学期间也赚了钱。

2001年的第二个暑假，我拿到了CPT资格，可以申请去美国公司工作了。当时，有好几家公司到校园招聘IIT设计研究生。我当时已经收到了赞助课业的通用汽车公司和总部位于芝加哥近郊的麦当劳的暑期实习邀请，但我真正想去的地方是微软。

在校园招聘活动中，我和微软负责人面试后，给了他一本我的作品集小册子。那个时候互联网已经很普及，大多数人认为在简历上写下自己的作品集网址就足够了。但我的想法不一样，面试官肯定面试了好几个同学，如何才能让他们记住我呢？哪怕一点点。如果在整理背包或行李时发现我的作品集小册子，是不是会勾起对我的记忆呢？即使他因觉得麻烦而扔掉小册子，对我来讲也没有什么损失。这就是我的人生哲学——"不行就算了"。

几天后，我收到了微软总部发来的暑期实习邀请，我竟然合格了！即使是实习生，薪水和福利也很不错。2001年我的月薪是3500美元，还提供搬迁费用、酒店、车辆、医疗保险等。

就这样，我用自己赚取的学费读完了研究生。尽管为了赚取生活费，我送过报纸，做过韩语老师，兼职过多份工作，但我为自己感到骄傲和自豪，因为我用自己的力量承担起自己的生活。

| 为什么企业更愿意聘用工作态度好的人，而非工作能力强的人？

目前就职的谷歌是我作为正式员工加入的第七家公司，如果包括实习和合同职位，它是我的第十一个职场。从在微软的短短3个月实习到在高通的5年零9个月，我在同一家公司工作从未超过6年，无意中成为一名专业的自愿转职人。但是我来到硅谷后发现，那里到处都是平均任期比我短的人，工作时间超过3年都属于任职时间较长的，大家的平均任职时间为1—2年。事实上，谷歌设计师的平均任期不到3年。

我认为这是美国公司及高端人才竞争背后的一大推动力。企业与员工的关系就像关系暧昧的男女一样，在一张一弛并不断诱惑的紧张线上。企业不断地努力创造能够吸引优秀人才的环境。当企业期望员工忠诚，期望"我们是一家人"时，员工会毫不留情地递辞呈、说再见。而企业在裁员时也会毫不留情。当公司经营困难时，裁员是用来削减成本的第一方法。不仅在困难时期进行，而且为了人员循环也会随时进行。美国企业裁掉10%业绩最差的员工是常见现象，对于因工业变化而不再需要的人更是"一刀切"，没有任何商量的余地。因此，员工总是试图提高他们在就业市场上的竞争力，以免被解雇或以更好的条件转到更好的公司。不，应该说他们为了生存而努力，这可能更为贴切。

据说，2019年向谷歌投递的简历多达330万份，其中只有约1%被接受。很巧，25年前，当我还是一名新员工时，作为招聘官参与过人力资源招聘。之后，在摩托罗拉、高通、三星电子、谷歌等公司作为专业转职人兼专职招聘官，我已积累了25年的招聘经验，简直可以说做得风生水起。我想总结一下自己之前的转职和招聘的经验。但是，每个国家和企业有着不同的文化和制度，你应该酌情参考。

一 推荐或介绍 一

推荐（recommendation）是求职时的第一个免费通行证。推荐与降落伞是完全不同的概念，这是自己的人格和能力的产物。回顾11次换工作的经历，我有2次是看到招聘启事后申请并合格的，还有2次是校园招聘（公司为了录用特定学校的学生来校展开的活动），除此以外的其余7次转职都是经过熟人推荐的。

仅凭简历和面试发掘和验证优秀人才并不容易。这时，来自与你共事过的人的内部推荐将发挥决定性作用。许多公司都有人才推荐制度和推荐奖金，鼓励推荐优秀人才。此时，随便推荐和认真推荐很快就能被分辨出来。

谷歌的人才推荐系统非常完善。推荐人相当于我的人际网络中的前几名，需要填写的内容非常具体。不仅是推荐对象，推荐人的记录也要被一同留下。过去曾推荐的人才中有百分之几最终合格，应聘过程进行到哪个阶段被淘汰，被淘汰的理由是什么等数据一目了然，所以在推荐时要非常谨慎，以免损害自己的信誉。

— 名声 —

如果说推荐是由自我主导的,那么背景调查(reference check)则是招聘过程中对某人的全面考察。如果你是求职者,而且申请的公司里有多个认识的熟人,让招聘负责人了解到这一点也会很有帮助。当然,提前通知熟人,人力组可能会联系到对方,这是基本的礼节。现在的招聘系统非常完善,很容易在人力资源数据库中找到与应聘者在同一公司任期重叠的内部员工,并会自动向他们发送一封电子邮件,要求将他们的意见输入系统。你永远不会知道什么时候有人会被要求评估你,或者什么时候你需要这种帮助。这就是要与你的同事保持良好关系的重要原因。

— 推荐辞 —

我不知道这个环节对我成功换工作产生了多大影响,但是考虑到成功率相当高,从招聘官的角度来看,我认为这是一种值得尝试的方法。

我觉得仅靠简历和作品集成功应聘的完成度还缺少10%。很多简历看起来都差不多,作品集肯定不会被仔细看,而且还有很多内容因为保密义务而不能公开。最重要的是,缺乏大喊"我是最棒的"的厚脸皮。企业看重的人性、团队合作精神和领导力等是无法通过简历或作品集展示的。如果有机会参加面试,还能试图通过端庄的外表和亲切的话语拼一拼,但在文件筛选过程中连这一点都做不到。如何才能弥补这些局限性呢?经过一番思考后,我想到了一个方法，就是将熟人的推荐和评价总结起来附上，这样就可以强调和展示自己的能力了。

在我职业生涯的早期，我运营个人网站并创建了一个单独页面以展示同事们的推荐辞（Co-Worker Testimonials）。如今，由于企业专业社交网络服务——领英（LinkedIn）的开通，大家正在利用领英的推荐信功能。另外，我还把在工作期间受到的评价中能表现我工作能力的，用一张纸整理出来（当然，注意不要泄露公司项目）。可以把它想象成写着各种各样推荐语的书的封面，或者一个在网红宣传下销售的商品，"别人都说好，应该真的不错吧"，从而引发招聘者的好奇心，又或者"大家都说好，应该有它的道理吧"，获得情绪上的积极效果！采用英语自然的语言习惯夸赞自己，对于英语为非母语的我来讲，实在比登天还难，而通过第三方观点客观表述的推荐信，完美弥补了仅靠简历和作品集所欠缺的那10%的完成度。

— 建立人脉关系 —

在青年时期，因为不能参加通宵的酒桌聚会或三五个人聚在一起吸烟对话的活动，我很是不安。不知道他们会不会在那里分享只有我不知道的高级情报，是不是只有我没能和他们建立亲密的关系，又或者他们是不是根本不知道有我这么个人，等等。但是经过这段时间之后，我明白了人脉并不是那样形成的。通过利益关系形成的人脉最终在彼此的利益消失后就会结束。

虽然经常开玩笑说"做人要善良"，但这也是千真万确的道理。建立最坚实的人脉关系的方法就是每天尽自己最大的努力善良地生活。看似有些傻气又幼稚的话语,但在过了25年后的今天,我实在想不出比这更好的要领了。

不久前,因为有需要帮忙的事情,通过四处打听,我终于找到了25年前的职场前辈。时隔25年,通过Kakao Talk(韩国版微信)联系他,并请求他帮忙。结果,那位前辈毫不犹豫地给予了帮助。感谢的是,在他的印象里我"羞涩而冷静"。这让我想起了电影《音乐之声》中玛丽亚(朱莉·安德鲁斯)唱的歌曲《好的事情》(*Something Good*)。

> 不会无中生有
> 从来不曾有过
> 所以在我的童年或者是少年时
> 我一定是做了好事

我想告诉上学的学生,建立人际关系其实比学习、成绩或学位更重要。所有的关系,包括教授和外部讲师、同学和学长等,都应该珍惜。可以加入结识校外职场人士的同好会或参加志愿服务等活动,这也是形成人际关系的良好机会。我在大学期间参加的"一群使用麦金塔电脑的人"的活动中获得的经验、结识的朋友为我目前的职业生涯奠定了良好的基础。即使是过客,也不要掉以轻心,要珍惜所有的关系。

许多招聘官都有一个共同点:他们想招的是好人,而不是做得好的人。当下不是生产率重要的制造业时代，而是创造力和协作重要的软件时代，这是因为相比依靠一个人的天才能力，依靠多个好人的协作获得的成果，可以打造更加可持续的成功。

终身职场不复存在。转职是一个不可避免的过程，而在这个过程中，人脉就是人格和实力。

也许有一天，所有这些建议都将变得毫无用处。世界知名学者尤瓦尔·赫拉利在《今日简史》中警告说，总有一天，我们留在互联网上的大数据和人工智能算法会像信用评级一样给我们打分，决定是否通过。也就是说，有可能超越性别歧视、学历歧视、种族歧视等，集体中的某人的水平会被评价，甚至分析个人的DNA信息，并发出不合格的通知，原因是"你被拒绝，是因为你是你"。在大数据的世界里，我也要善良。

| 赢得面试官青睐的面试技巧

在提交给谷歌的数百万份简历中，通过第一次文件筛选进入第二次电话面试的确切概率尚未公开，但我推测可能会在5%左右。因此，若想通过针对数百万份简历的筛选过程，推荐绝对有很大帮助。

当然，推荐对合格没有决定性的影响。推荐只有助于普通的简历筛选。像在谷歌，需要招聘员工的部门负责人并没有最终决定权。谷歌有一个独特的人事制度，称为委员会（Committee）。许多决策都是通过"评估委员会""晋升委员会""薪资委员会"

等各委员会的小组会议进行激烈讨论后做出的，招聘亦是如此。通常，由5—6名面试官进行的面对面面试结束后，每个面试官会写下他们的意见，"招聘委员会"综合考虑各种文件和面试意见等决定是否录用，而后再由"薪资委员会"决定薪资。

嗯……将要和新人一起工作的人是我，需要的团队也是我们团队，为什么我们团队不能随便挑选自己想要的员工呢？有人不禁抱怨。但听了理由后，我理解了。据悉，聘用新员工后，相关经理继续做直属经理的平均时间不到1年。因此，比起与该经理合得来的人，通过委员会从客观的角度录用新员工，适应公司并长期留在公司的概率更大。听上去，这也不是没有道理。

面试大体分为以下三个阶段。

第一次是与招聘负责人进行电话面试，确认简历上的内容，并进行关于转职理由或应聘者希望的方向的基本对话。

第二次是技术电话面试。为了了解应聘者是否适合该职位，由职务部门负责人询问工作的相关内容。

第三次是面对面面试。这是直接将应聘者叫到公司（当然，目前因新冠肺炎疫情而由视频面试替代）进行的面试，一般要进行一整天。据我的经验，美国公司大都差不多。在几个人面前进行1个小时左右的自我介绍发表会。有时会提前给出课题，这种情况下还要说明你会以何种方法解决该课题。整个发表会结束后，接着进行一对一的深层面试。一般要和5—6名面试官见面，因为每个环节大概50分钟，所以会持续一整天。等面试全部结束时，整个人就像灵魂都被掏空一样。

玩偶图

  大部分面试都是在第三次面对面面试后结束,但是当面试官们意见不一致时,或是应聘者很优秀,只是不适合相应职位,或发生非全票淘汰的情况时,还会进行追加面试。

  有关面试技巧的信息在市面出售的书上或在网络上都能查到,请参考。要充分了解面试要准备的内容、态度、预期的问题、预期的答案、练习方法等基本事项并做好准备。大部分应聘者的基本准备都做得很好,所以胜负取决于他能否打动面试官的心。在打动面试官的方法中,以下四种比较有效。

— 主导 —

  通常,面试官是漠不关心的,以致让应聘者的恳切和努力黯然失色。很抱歉,这就是现实,如果要辩解的话,面试官的工作也很忙,会议常常排得满满的,甚至连去卫生间的时间都没有。

为了面试一个应聘者，需要5—6名面试官，而且应聘者人数众多，面试官有限，所以面试只能集中进行。因此，时而会发生面试官还没有充分查看应聘者简历就进入面试现场的情况。

大部分应聘者都认为自己是被提问的人，通常以回答问题的心态面对，等待面试官主导对话的进行。其实，我们需要改变这种想法，应该把自己当成面试主持人。面试官对你一无所知，也没有看过你的简历，因此最好把他当作还没有准备好和你进行对话的人。

面试官其实对你并不感兴趣。对他们来讲，下一次会议的议案、报告书、项目的最后期限等更加重要，和你的谈话对他来说并不重要。因此，你没有理由感到不满。这就是面试这种游戏的规则。不光是对你不利，对所有应聘者都是一样的，所以不要等待被提问的恩宠，而是要主导对话。站在想要选拔你的企业的立场上、站在需要评价你的面试官的立场上，引领对话，让其了解你是怎样一个人。

— **帮助完成作业** —

面试官们在面试结束后要提交意见书，而这项工作要花费相当长的时间。这也是我回避当面试官的主要原因。所以你要学会换位思考，代替面试官整理面试结束后需填写的意见书内容，并对其进行洗脑。毕竟，最了解你的人是你自己。大部分意见书大致分为三个项目。

第一，技术领域。评价应聘者是否具备适合该职位的能力，主要观察其专业性及创意、交流、展示、执行力等。整理面试官笔记上要写的三种技术能力，在面试时要反复强调。这时，如果能将其他应聘者没有的只属于自己的差别化能力编成"故事"讲述，就是锦上添花。因为虽然单词很难记住，但是故事情节人们是很容易记住的。

第二，软技能。主要观察应聘者人性、开放性、态度、价值观等。因为这一部分很难分辨出特别的优点，所以很多时候面试官都会指出突出的地方。因此，尽量注意避免说话呛人或做出出格的行为。只要面试官不歪着头或皱眉等，这部分就算成功了。尽管如此，还是植入一个技能关键词比较好，比如非常积极的人，或者有趣的人，或者注意倾听别人讲话的人，等等，要让面试官能够记住你的一项软技能。只是一句茫然的"还不错"是不够的，应该要在他的记忆中留下什么。

第三，领导力。从公司的长期发展来看，领导力是一项非常重要的评价项目，主要看应聘者是否有成长潜力，是否有能力提出展望并解决问题，是否有团队协作能力。这一部分最好举出具体的例子。为了让面试官在意见书上能用具体事例证明他的意见，应准备有关领导力的实际事例。

— 留下好印象 —

人心是记忆的产物。人既不是很有逻辑，也不具备合理性（只是装作如此而已），而且非常感性和情绪化。因此，左右人心的东西，即政治、经济、媒体、广告等都将焦点放在了刺激人的情感上。

认知心理学巨匠丹尼尔·卡内曼的"峰终定律"是面试中适用的重要理论。人的感知和评价与实际经验总量无关，取决于他记住了什么，而对这段记忆影响最大的是高峰瞬间（peak）和结尾瞬间（end）。简单地说，如果结尾好，一切都是美好的。

因此，面试的最后5分钟最重要。因为时间紧迫而慌慌张张，或者因为无法放松而非常怯懦，又或者对于面试官"最后有要问的问题吗"这一提问，只是暧昧地微笑着说"没有"，等等，切不可给面试官留下这些非常泄气的记忆。因为记忆的错误，最后5分钟将左右历时1个小时的整体面试结果。因此，结尾要用充满活力、充满积极能量、令人不禁发出"阿门"的信任感来装饰。

— 要令对方不想错过 —

即使收集了多人的意见，也很难通过1个小时的面试来100%确定应聘者。这时，有一个让对方深信不疑的秘诀，就是还有其他公司想要我。就像电视购物中的营销手段一样，用"即将售罄"的字幕让人心跳不已。

因此，求职时最好多家公司同时进行。没有入职意愿的公司也没关系，只要能证明我是多家公司抢着要的人才就可以了。在这一过程中，在某个地方学到的东西也可以在其他公司使用，还可以通过多次面试减少失误。最重要的是，我不再是"乙方"，而是"甲方"，获得能够主导面试的原动力。

发出想要聘请我就赶紧做决定的信号——即将售罄。"别人想要的东西，我也想要。"这是人之常情。

面试是人与人相遇、打动人心的事情。最重要的是，掌控对方对自己的看法。这里最重要的一点是，我对自己的爱和信任。一个连自己都不爱的人，期望别人认可和肯定，简直是天方夜谭。另外，要摆正态度，要懂得面试不是面试官的事情，而是你自己的事情。你是故事的作者、导演、主人公。祝你好运！

不要营造被面试官伤害的心理。面试官中偶尔会有丢垃圾的、心眼坏的人，如果听到这样的话，就赶紧把它丢到垃圾桶里吧。不合格的通知并不代表你有瑕疵，只是说彼此不合适而已。赶快忘掉，寻找新的"恋人"吧！

如何获得消费者的青睐？

消费者的心理有需求（demand）和欲望（desire）两种属性。需求是需要的东西，而欲望是想要的东西。要好好理解这两种心态，需求和欲望之间隐藏着成功的秘诀呢。

根据需求而变动的市场是性价比的战争。重要的购买决定点是哪种东西不仅最便宜，还能满足你的需要。于是，消费者为了寻找性价比高的东西，经常会比较各种商品，总是怀疑自己买的东西不是性价比高的产品。而且，当买来的东西不能满足消费者的需求时，消费者经常会退货，发现性价比更高的产品时也会毫不犹豫地改道。当然，消费者也会因随时考虑该产品是不是自己需要的东西而推迟消费。因此，根据需求购买的产品忠诚度低，竞争也相对激烈。

由欲望驱动的市场是价值战争。有趣的是，消费者在购买满足自己欲望的产品时会给自己找理由。不是因为需要它而买，而是因为想要的欲望会刺激消费。衣柜里有很多条牛仔裤，买新品时会合理化地说"这个款式不一样"。购买超过一半工资的名牌大衣，或者购买高达几倍年薪的高配置轿车时，会给自己找个理由，比如"我值那个价值""结婚10周年""升职了""不是限量版吗"等。甚至会找"漂亮啊"这种荒谬的理由。因此，根据欲望购买的产品忠诚度高，经常存在利基市场。

最具代表性的例子就是苹果产品和安卓产品。安卓产品仍在需求市场上进行着性价比竞争。消费者很容易向低价手机妥协，并反复思量是否有必要花昂贵的钱购买同样功能的手机。而且高价手机上市不到几个月就以半价出售的事例比比皆是。这是为了生存而采取的措施，因为消费者们经常交流高性价比产品和特价活动等信息。

但是，苹果怎么样呢？苹果的消费者会毫不犹豫地打开钱包。即便已经有功能正常的苹果手表，如果出现新款，又会去买。不是因为需要新的智能手表，而是因为想要新的苹果手表。一边摇着头喃喃自语"花100万韩元买苹果手表，我简直是疯了"，一边像着了魔一样结算。而且，在收到苹果手表戴在手腕上的瞬间，就像拥有了全世界一样有着满满的幸福感。人的欲望就是如此，它是用语言无法解释的内心的调皮。

因为从事的就是研究消费者和用户心理的工作，所以我用25

年的时间思考如何获得消费者的心,未来也将一直如此。

接着就是简历、作品集、面试等整个转职过程中用于思考和决定方向的关键点。核心是成为企业想要的、有价值的人。

— 有稀有价值吗? —

人们认为固有而独特的东西有价值。对于在任何地方都能轻易得到的东西,人们不会有想要的欲望,因为只要愿意,随时都可以得到。简历上罗列别人都会做的显而易见的技术,或者在该领域经常出现的经历,面试官完全感受不到应聘者的魅力。理所当然的事情不可能让你脱颖而出。要向企业展示需要你的理由,如你独有的价值,只有你能完成的事情,只有你才可能实现的愿景,等等。这并不是指可以被评定为文化遗产的宝物或无法超越的才能。你肯定有只有你才能完成的能力。"因为别人都在做""因为别人都说好""因为别人让我做"等,不要被别人所左右,要完全集中于自己,寻找和创造属于自己的源头技术。

在2019韩—东盟文化革新论坛主题演讲中,HYBE(韩国一家文化公司)代表方时赫如此说道:"过去,世界很复杂,人也多样,现在到了多得简直无法预测多样性的层次。具有不同取向和个性的人形成了狭窄而深邃的共同体。我们有着与引领技术文化的国家不同的文化背景和历史背景。就这样,我们对人类有不同的见解,从不同的角度看待世界可以讲述不同的故事。"

是啊,我们都是不同的人,有着不同的背景、不同的观点和不同的故事。只有放下想在人群中隐藏的心,堂堂正正地展示自己,才能让大家看到你。

— 有故事吗？ —

> 人类的历史就是故事。History——人类通过故事来思考。人类在故事里思考,而不是在事实、数字和方程式中思考。故事越简单越好。
>
> ——尤瓦尔·赫拉利
>
> 《今日简史》

2006年,《如果微软重新设计苹果iPod包装的话……》这一视频大受欢迎。如果还没有看过这段视频的话,一定要看。

写满华丽经历的简历并不能让人印象深刻。资历竞争就是性价比竞争,用资历宣传的话,会被资历更深的人比下去。如果出现资历更好的人,就会失去竞争力,所以需要贯穿职业生涯的故事。

这并不是指要走正道或是坚持挖一口井的故事。如果你做过不同的工作,就是将各种工作编织在一起的故事;如果你转职频繁的话,就是将那些转职经历串联在一起的故事,进而还要有自己的人生故事。这时,主人公、配角和临时演员不能乱套。你所拥有的稀有价值应该成为主人公。只有主人公明确、情节紧凑,故事才会被留在记忆中。什么都能做,等于什么都做不了。而且,这样的人很容易找到替代品。

面试的时候，像讲故事一样自然地讲述自己的经历比较好。如果面试官有同感，随声附和，感受到与自己的故事有相通的地方，那就是成功。人以故事思考，以故事记忆。

── 有真实性吗？──

假货之所以是假货，是因为它不是真的。人们不会在不真实的东西上花费太多精力。要使稀缺性和故事具有力量，它必须是真实的。这也是为什么在防弹少年团的成功因素中总是提到真诚。那不是经纪公司编造的东西，也不是被面具遮住的，更不是舞台上的幻觉，因为他们迄今为止所展示的一切都是真实的。放弃在一山学得好好的功课，一心想成为嘻哈男孩的金南俊，曾经骑摩托车送外卖的闵玧其，初中时不知天高地厚踏入的田柾国，以及为自己不够完美而苦恼不已的朴智旻等，每一位成员的成长故事都令人们感动并捕获了他们的心。这就是真诚所拥有的力量。

因此，在简历中加入虚假信息或在面试中装作很懂是一件非常危险的事情。不懂的时候坦率地说"不太清楚"要比"不懂装懂"好得多。而且，这种假冒会成为让对方怀疑你的真实性的因素。一旦开始有疑心，就很难挽回。

真实性将随着岁月的流逝变得深邃。25年前遇到我的人、10年前遇到我的人、昨天遇到我的人，如果他们记忆中的我始终如一的话，那就是绝对的真了。推荐这样的人不会犹豫，甚至会产生想给他找工作的欲望。走在路上，如果有人请求帮助，就帮助他吧，好心总会有好报的。

— 能否与价值同在？ —

每个企业都有自己追求的哲学和价值。（如果没有正确的设定，或者企业的价值与你想要成长的方向不符的话，就要考虑转职。当然，也要考虑一下企业提出价值的真实程度。）让我们看看大家都熟悉的企业的价值观吧。

谷歌：整合全球信息，供大众使用，使人人受益。

特斯拉：加速世界向可持续能源转变。

Facebook：让世界连接得更紧密。

求职者必须表明自己理解并支持所申请企业的价值观，并说服对方自己可以做些什么来实现这些价值。企业是在寻找合作伙伴来实现他们追求的价值观，而不是找个员工来执行这些价值观。执行和大规模生产要么自动化，要么外包，这是不可避免的。

想与其共同创造价值的人，不会只是一个资历深的人，他应该是志同道合、可以共同成长、可以信任和依靠的人。当遇到这样的人时，招聘官会以各种理由录用你。

构建资历相对简单。考取资格证书、拿下文凭，还有拿到英语高分等，这些能华丽装饰简历的事情，你只需要做其他人都在做的即可，不用考虑太多。短期速成班比比皆是，花费金钱和时间取得文凭并不难，而这就是问题所在。如果你为了性价比而竞争，就很容易掉进蚂蚁地狱。总是担心会不会有比自己资历更深的人出现，焦虑自己被他人取代，为自己的性价比是否到达极致而战战兢兢是不可取的。拜托，请进入价值领域吧。发现和打造你自己的稀缺价值、自己的故事、你的真实性，需要时间进行深刻反思，要经历无数次的失败和痛苦的醒悟。尽管如此，若想顺利完成职业生涯马拉松，就不如在价值的道路上奔跑。只有当你和与你价值观相同的人一起跑步时，才能投入更多的精力，从而完成艰难的里程。真诚地祝愿我们所有人都能顺利地跑完全程。

希望大家不要对与转职相关的文章有什么误解。最重要的是，能力、实力和专业性等基本功必须扎实。本书中已经有很多文章介绍了如何练就基本功，读者可以参考，让自己具备实力。我编写的这篇文章是关于如何包装自己的实力并制定策略指南的。

一 当你觉得四处碰壁时要思考的事情 一

把自己放在就业市场求职真的很难。对于正在准备就业的人、对于职业经历中断后重新开始的人、对于一边工作一边寻找新单位的人来说，要想被接受，需要克服一万道坎。每个人的故事都不同，能从容地找到工作的人并不多。当我收到谷歌的录用通知时，相比喜悦，更多的想法是再也不想换工作了。在我11次的工作变动中，没有一次是轻松转职的。悠闲地求职可能意味着情况并不迫切。如果你要经济独立，要担负起家庭生计的责任，要为晚年做准备，要为父母的晚年着想，求职就不可能轻松。

感谢父亲一直强调金钱的力量，让我从小就坚定了经济独立的想法。我想，如果我的生活必须依靠他人的钱，也就意味着我要把相应的人生权限移交给别人。所以，没有钱时就过没有钱的日子，需要钱时就想方设法地赚钱。尽管兼做"两职"很辛苦，但我想，这是若想完全独立就必须承受的成年人的生活。

但当你无论怎么努力都无法成功时，必然会非常气馁。如果有一个人，在不断的失败和拒绝中仍然保持着积极的心态，不失去笑容，那么他可能是一个超凡脱俗的"道人"，或者是一个需要去精神病院的"病人"。如果你简单地遵循"一口井挖到底"的故事，那么有可能真的一辈子只挖那一口井，直至结束人生。向别人抱怨没有用，要自己仔细审视溃烂的内心，这一点非常重要。

当你无论怎么努力都做不到成功时，或者当你想放弃并感到生气时，请坐下片刻。这可能是到了你需要改变思维和方法的时候了，就像我曾经的那样。

— **是不是原始资料有问题？** —

如果你申请了几十家公司而文件筛选都没有通过，那么你应该检查自己的简历了。在商学院上课的时候，我听说过有一种写简历的方法，即为了找出要填写在简历上的合适的词语、结构和表达方式，要进行无数次修改并接受检查。你要客观地评价自己的简历：我的简历能在无数的简历中脱颖而出吗？是不是列出了不必要的、模棱两可或平庸的资历和职业经历了呢？如果我是招聘官，我会根据我的简历聘用我吗？……还可以参考自己所在领域的简历样本或使用专业的简历校正服务。此外，你还需要向熟人征求意见。

用一张白纸重新编写简历也是一个好主意，而不是试图修改现有的简历。我在公司进行项目的过程中，当我的想法无法实现，或者遇到失败时，我总是大喊："让我们回到起点吧！"失败是有原因的。如果你没有理智地分析原因，即便再努力工作，也不会成功。根据我的经验，努力和成功是两码事。如果你一直在面试中失败，就需要从头分析原因。

― 期望值是否定高了？ ―

如果你在挑三拣四，那么说明还没有被逼到那份上（要说到人的痛处，我也感觉好痛啊）。我在美国的第一个职场是一家人才派遣公司。很多公司为降低成本而雇用外聘人员，人才派遣公司则负责以低成本为这些企业提供高素质的人才。人才派遣公司确保高劳动力素质的秘诀是利用需要解决工作签证的外国人。我在被多次拒绝后第一次获得合格通知的也是人才派遣公司。当时，我的第一份年薪远低于业界平均水平，但我已经没有挑选的余地了。不过我也没有太气馁，因为我想既然开始了，未来就将一片光明。

不要太看重你的第一份工作。即使收到了录用通知，也建议随时进行求职活动。就像你要不断地买东西才能学会买东西一样。你需要经历很多工作，才会有眼光，才能找到适合自己的工作。职场只是满足你生活需求的一种手段，并不是要将你的一生投进去的地方。

― 是否已有既定的答案？ ―

正如我之前多次强调的，要提高成功率，你需要不停地投球，尤其是同时投出多个球。但是，这时人们常常是朝着自己最初设定的方向投球，比如：大企业可能不会接受我，所以不申请；或者是想变更职种，但是还没有准备好，所以推迟；或者是韩国不行，美国也不行；或者是英语不好，所以不行；等等。找出各种理由并停留在舒适区。

人生没有完全准备好的时刻。你是否合格是由公司决定的，而不是由你自己决定的。录用通知是你将要收取的，而不是由你发出的。你要做的事情是向多家公司递交申请书。如果你定好答案再解题，那么只会增加出错的概率。

— 增加你的机会 —

由于新冠肺炎疫情，大多数企业都在裁员并冻结了招聘。在这不知疫情将延续到何时的时代，企业招聘新员工比任何时候都谨慎，聘用标准也随之提高。因此，看到一则招聘广告后投递简历，被录取的可能性微乎其微。这时，最好使用策略将招聘负责人或公司的注意力吸引到自己身上。

以设计师为例，可以成立一人经纪公司，不断地将每月的项目上传到互联网上。换句话说，你需要将自己聘为自由职业者。选择一个自己喜欢且人们比较了解的产品、应用程序、网站，以"假如我来更新的话"为主题上传你的创意。媒体网或早午餐等博客平台都很好，有本人粉丝的社交媒体（Facebook、Instagram等）也很好，而全球知名招聘平台领英更不错。

内容不仅要有创意，还要能充分展示你的问题分析能力、讲故事能力、说服能力等。反正，这是设计领域不断需要的技能，因此将其视为练习过程就可以了。

事例在网上很容易找到。就个人而言，凯文·尤金（Kevin Eugene）在2018年上传的《如果由我重新设计苹果Siri……》视频给我的印象尤其深刻，他目前在苹果公司担任设计师。同样在苹果公司工作的DK·权一直在领英上发表自己的创意，也受到了好评。克里斯蒂安·迈克尔发表更新谷歌应用程序图标的创意，并引发了200多条跟帖。在网上结交朋友或在会议上交换名片并不能建立人际关系。人们希望与能够帮助自己的人建立关系，而所谓的帮助，只要能给我灵感足矣。

如果你现在一边读着这篇文章，一边想着等准备好了也想试一下，那么我再说一遍，永远不会有准备好的那一刻。万事开头难，先做了再去善后，而不是做好善后准备再去做。在这里，关键是"持之以恒"。如此，如果你每个月都这样发帖，就会有越来越多的人关注和评论你。你可以从反馈中学习，拓展人际关系，如果幸运的话，甚至可能发展为录用。如果这件事能持续做一年，这本身就会成为一个故事。一个人能够持续地完成某事，意味着他真的很喜欢它，自律性强，并且是一个诚实的人。坚持一年做某件事，做过的人都知道，那绝非易事。在最近播出的综艺节目《无名歌手战》（*Sing Again*）中，主持人李昇基说了一句让人们产生共鸣的话："我想证明其实诚实也可以成为一种技能。"

正在实践着"早起的奇迹"的石豆（YouTube频道）和金友珍（YouTube频道）值得尊敬，不是因为他们是勤奋的早起人，而是因为他们多年来始终如一地坚持实践。

― 小小的成就感 ―

如果持续失败，就很容易陷入自虐的沼泽，就会觉得这一切都是因为自己没用。认为自己是一个缺乏努力、缺乏意志力、没有实力、没有用处的人，从而陷入一种无助感。所以，全心全意地只做一件事是非常危险的。要在自己的人生中处处设置能够感受到小小成就感的装置。

在菜园里收割庄稼时，我会感到很自豪。给我资助的孩子们送生日礼物时，我会很高兴。当我和女儿们在房间一角用于收集和展示"防弹少年团"和"TXT男团"的"追星区"变得丰富时，我感到很富裕。

最近，写作给了我成就感。它让我再次感受到得到别人的共鸣和为他人提供帮助是如此快乐。最重要的是，我对无须积极工作也能赚钱的"被动收入"（Passive Income）了解得越多，越觉得自己也可以做很多事情。我在媒体上发帖并收到第一个月的稿费是4.59美元。写作可以赚钱的经历对我来说很新鲜，而在经历了被动收入之后，我正在学习并尝试在数字世界中搞一份副业。现在有很多相关的书籍和互联网信息，我可以先找一份适合自己的工作，从小事做起。

当你觉得自己在努力工作而一无所获时，先停下来喘口气。

第一，检查一下握在手中的东西是否有价值。

第二，确认自己是否飘浮在空中。

第三，回头看看自己是否在找已有既定答案的求职活动。

第四，确认自己是否正在增加就业市场中宣传自己的机会。

第五，检查一下自己的人生中是否安装了可以感受小小成就的幸福装置。

这是一个非常困难的时期，你必须坚定信心，摆脱现有的思维方式，进行思维转换。请不要浪费时间和精力在这个过程中虐待自己，你是你人生中唯一的劳动力。

打造只属于自己的故事

衡量你知道什么、知道多少的最好方法是什么？就是把自己知道的内容向别人说一遍。为了教别人，你必须进行大量的学习。若想向别人好好解释，就要整理和概括自己所知道的。而且，最重要的是要查看听你讲解的人的反应，然后回顾自己。这样你的知识和经验就会掌握得更加牢固。

在长期担任实务设计师的过程中，我一直以两三年为周期进行设计演讲。虽然每次演讲的标题都稍有变动，但主题始终是"为人而设计"（Designing for Human）。这是以我实际进行的项目案例为基础，分享实务中获得的小窍门、失败和成功经历等的演讲。"为人而设计"所需的原则、设计师需要了解的事项……事实上，这些东西并不是要教给哪一个人，而是自己对自己的强调。我将它当作一个回顾过去两三年、重新审视自己的机会。

强烈建议大家以两三年为周期回顾自己的职业生涯，并采用讲座夯实技巧的方法。下面分享一些夯实职业生涯的演讲技巧和实践技巧。

一 大学讲座（特别讲座）一

我优先考虑在韩国大学的演讲。我通常每两三年回一次韩国，每次我都会把演讲放在日程安排上。我很想和我的韩国后辈们分享自己的经历，同时这也是一个很好的机会，让我可以用韩语疗愈在美国生活中用英语的挫败感。

我有时会被问到如何才能抓住机会。我若按兵不动，不会有人找我来给他们做演讲的。机会是自己创造的。正如我之前所说的，我会抛出几个球，然后等待。找熟人或熟人的熟人，或上学校网站联系教授。凡事开头难，但是一旦你获得经验，之后就会变得容易很多。

有人说："等我准备好了，我会试试的。""我会好好准备，也去挑战一下。"

不会有准备好的那一刻。万事开头难，先做了再去善后，而不是做好善后的准备再去做。准备工作是一直要认真做的。与其无关的事情首先要开始做。为此，我建议公开宣传自己（给对方发电子邮件或主动联系也是其中一环），不要想着一切准备就绪后再闪亮登场。要在最快的、尚未成熟的状态下进行宣传，这时心里可能会产生"哎呀，又闯祸了"的想法。但只要预定的时间到了，你就得赶鸭子上架，硬着头皮去做。而当你走完这一过程后，它又将成为一次经验，你会发现一个成长了的自己。

"我有资格吗？"

"谁会让我做讲师呢？"

这不是由我来决定的，所以也不需要担心。我只是做自己能做的：联系、申请、再公开宣传。我只是做自己必须做的，然后等待结果就行。

2020年初我加入谷歌，我决定两年后做一次演讲。结果，新冠肺炎疫情暴发，整个社会的线下系统全部被在线系统取代，公司也开始在家办公。全球所有大学的课程，以及所有的学术会议和展览，都被在线取代。有一天，在爱荷华州立大学设计系任教授的我被我的大学老师邀请去做在线讲座：在加利福尼亚州的家中与爱荷华州立大学的学生在线会面。我马上就同意了。一个不需要移动的世界，那么在世界任何地方都无关紧要了，对吧？无须一定要等到访问韩国的时候。我在一些群聊中发布了接受在线讲座的邀请。群聊室里有一些成员是教授，所以讲课的机会开始一个个地出现。于是，我就这样开始做巡回演讲，慢慢扩散到了美国、韩国和中国的大学。

一 会议发表 一

对于对目前的工作不满意或正在诉说困难的后辈，我有一些建议："不要为公司拼命。"

因为期望越高，失望越大。因为将自己的职业生涯与目前的职场等同起来对待，所以会感到不安。公司是追求成本效益的营利性组织，而不是照顾没有效用的员工的非营利组织，就像公司可以随时抛弃我一样，我也要做好随时抛弃公司的准备。

"不要把所有的鸡蛋放进一个篮子里。"

作为领取月薪的代价，我们有要完成的工作。但若想仅靠这一点让自己的职业生涯进一步发展，是有局限性的。所以，我们必须投入10%—20%的精力在公司外创造自己的职位。为此，作为成员参加会议或学术会议也是一种很好的方式。

— 公司午餐会 —

美国公司经常组织午餐会议。它是一种简单的会议，由主持人选择一个主题，邀请相关领域的人员聚在一起发表演讲。由于它通常在午餐时间举行，因此被称为"午餐盒谈话"（Lunchbox Talk）。人们会带着午餐来边吃边听，所以不会有太大的压力，或者也可以把它放在每周会议的议程上，不必很长。参会者所要做的就是花10—20分钟时间分享自己最近看到的技术趋势、最近参加的会议，以及最近一直在努力解决的问题等。这样的话题是任何人都感兴趣的。

我通常会把时间定在1个月或3个月后，并提前发出邀请函，也就是提前把球抛出去。因为我知道自己很懒。如果我提前扔球，就不可避免地要击打返回的球，就这样我给自己设置了装置。

这里的重点是，我是这样一个机会的最大受益者。为了发表演讲而思考、整理想法、抓住故事情节、练习、得到反馈等，我会在这一过程中得到成长，不是为了别人，而是为了自己。

在韩国，我的行为通常会被视为"爱折腾"。所以不免会有压力，需要谨慎。然而，如果你真的去做了，就会发现欣赏和感激你努力工作的人比想象的要多。记得在一家韩国公司就职的时候，在刚刚开始增强现实相关项目时，我曾毛遂自荐在公司内部举办以之前经验为基础的关于增强现实设计的特别讲座，目的是积累经验并宣传自己，只要专注于对自己有利的事情就行。

— 使用YouTube —

这是我以前从未尝试过的方法，但它是一个机会空间，对仍然无法获得机会的大学生、求职者和新人来说是足够开放的。最重要的是，YouTube是一个可以在其中公开积累经验的平台。当然，它也可能会以3分钟的热情而告终，但如果你坚持发表观点，它就会成为你背后的动力。

每周在YouTube上传一个视频吧，坚持一年就行。视频不必很长，5—10分钟足够了。视频中无须露脸，YouTube上有很多不露脸的，只是告诉大家PPT活用方法或视频编辑小窍门等。也无须期望它赚钱或增加订阅者，这是为了自己、为了兑现自己的承诺，是为了打造夯实职业生涯所需的基础能力而投入时间和精力。然后，让我们在周边宣传一下。告诉家人和朋友并寻求他们的支持。当然，这可能是一个尴尬的开始。任何事情开始时都会有些笨拙，有些令人害羞。

我建议只做一年，关键是持之以恒。无论做什么事情，能坚持一年多的人，谁都希望聘用他们，和他们一起工作。资历其实也没什么，证明自己是自我打造职业生涯的人，就是资历。

— 永不放弃，坚持走下去，终将到达 —

2019年冬天，我进行了为期两周的公路旅行。如果不是因为新冠肺炎疫情，今年可能也会去某个地方旅行吧。抱着些许遗憾的心情，我拿出了旅行照片和笔记。以下内容是我于2019年12月25日在宰恩国家公园写的。

在宰恩国家公园迎来的白色圣诞节，
迷人的情景和压倒性的风景。
层层叠叠的地层、悬崖、瀑布，以及天上飘落的雪花，
仿佛人间仙境，刹那间的感动……
一路低头行走，不禁怀疑自己为什么会来这里，
茫然仰望山顶，感叹自己何时才能登上。
突然间，停下脚步抬头一看，眼前竟有惊人的风景，
蓦然回首，发现自己已在高处。
泥泞、陡峭，遥无尽头，
而当你坚定地走下去，总有一天你会到达。
时而，与偶然遇见的人问好，
时而，为他人让行，
时而，一个人站着喘口气。
只要不放弃，坚定地走下去，总有一天你会到达。
如果问我，终将走下，何须登上，
我想说，只因我脚踩石头、喘着粗气、感受凉风的那一瞬间，
那座山是完全属于我的。
不是传统中的宰恩，

我经历的2019年白色圣诞节的宰恩国家公园，
　那是只属于我的。

　　这一年终将过去，新的一年也会到来。时间仿佛停止了，却又好像从未停止。时光流逝，我在这里。希望会消失的瞬间也都将成为过去。如此坚持下去，一年也将过去。希望那时能对自己这样说："谢谢！你做得很好。"

　　别人也和我一样担心、害怕和焦虑。让我们多一点信心。在实践中犯错误总比什么都不做要好100倍。对自己多一点宽容，不要把自己逼得太紧，因为大家都在努力地生活。

　　只要你不放弃，慢慢地走，总有一天你会到达终点。

附录

30 岁最常见的 10 个问题

1. 如何在压力大的工作环境中找到突破口？

这个需要"三步战略"，即阻断压力、找出原因并解决它。写下让你感到有压力的事情，这时你会发现自己所面临的压力中有很多根本构不成压力，你却对此照单全收了。首先，你需要尽可能多地阻断压力：尽量避开有压力的人和地方，避免不必要的八卦或挑衅性的假新闻，并尽可能地拒绝可以拒绝的事情。拒绝的那一刻也许很艰难，但总比在压力下被牵着鼻子走要好得多。

即便如此，你依然感觉有压力时，了解压力的原因很重要。知道原因才能想出对策，一个未知的疾病是最难救治的。只是知道原因，压力就会减轻不少。很多时候，莫名袭来的不安才是压力的原因。

一旦确定了原因，我们就将其分为可解决和不可解决的，并制定对策。如果是可以解决的事情，即使需要很长时间，我们也要付诸实践。为了解决问题而做什么，仅仅是这一点，也会让你感觉到自己在成长，而不是受到压力的折磨。

如果是你解决不了的事情，那就想想自己能不能承受。我认为在工作并领取报酬的过程中，不可避免地总要承受一定的压力。如果情况真的难以忍受，像换工作这样改变环境也是一种方法。当然，压力无处不在。有句话说："公司是战场，但走出去就是地狱。"这是一个取舍问题。

2. 如何在公司内部做好自我公关？

我想到了两条建议。首先是发表会。在公司里，从一对一的汇报到在团队成员或相关部门人员在场的情况下进行的发表会时有发生。发表会的目的是传达信息和做出决定，但更重要的是，这是你的表演时间。这是让听者认识你这个人并让他们对你产生信任的机会。其实，听者对演讲内容的兴趣比预期的要低，甚至可能不想知道那些复杂的东西。演讲的关键是灌输信心，让听者相信演讲者知道他在说什么。"相信他，他应该会做得很棒"，要给听者留下这种印象。因此，虽然内容很重要，但演讲者自信的手势、语气、声音、语速和讲故事的方式等也很重要。

其次是认可和赞美他人。对于一个好的发表、好的报告、好的会议或比计划提前完成的工作，我都会说一些表扬的话。对于每天在工作中发生的一些小小的事情，我都会及时地给予表扬。这时，对方除了感激，还会有一丝丝的不好意思。本可以跳过的事情，却被领导点名表扬是一种非常美妙的感觉。

我倾向于在事发当天发送简单的感谢便签。有时直接对本人讲，有时发邮件给对方，同时抄送给经理，又或者让整个团队都知道。当遇到工作能力强的人时，我会心情很好、很羡慕，也很想好好向人家学习。所以，我是这样表达心情的。随着时间的推移，我发现其实我给同事的感谢便签反而对自己产生了积极的影响。不要为了宣传自己而专注于自己，请关注并感谢同事的成就，这将打造稳固的信任和声誉。

3. 请问在公司中犯得最多的错误和不应该犯的错误是什么？

所有的关系应该都像谈恋爱一样，哈哈……我认为保持一定的底线和紧张状态，可以持久地维持健康的关系。我认为让公司成为我生活中的全部是最危险的错误。把自己的一切都投入公司中，除了公司以外，生活中就没有其他了，又或者离开公司自己将一无是处等。这时，关系就会变得很难缠，"我为你付出那么多，你怎么可以这样对我？""你把我看成什么了？""我们公司怎么会有这样的人？"……你会很容易产生这种想法。和公司保持适当的距离和情感很重要，这样可以减少不必要的感情消耗和情绪失误。

4. 没有足够的时间准备换工作，怎样一边工作一边准备？

因为没有足够的时间而不能做某事，这是因为这件事对你来说并不重要。准备换工作并不是说马上离开公司。你应该把它理解为，这是管理工作经历和检查自己成长的一个环节。因此，我建议大家要随时准备换工作。如果在需要转职的时间点才做准备，这是很难的。当转职机会来临时，时刻准备着的人可以更容易地抓住机会。所以，请在平时抽出大约5%的时间花在其他事情上。这里的其他事情是指自我提升，在你喜欢的领域学习或建立人际关系。每年12月，请用一两行文字总结这一年的成就并更新简历。简历应始终更新到最新版本，以便可以随时使用。就我而言，每两年通过一次讲座，我会向外界介绍自己并整理这两年的经验。当这样的经验积累在一起时，你随时可以成为专业的转职人，且不会感到有压力。

5. 您是如何保持工作与生活的平衡的？

想一想为什么会出现"工作与生活平衡"这样的表述，可能因为平衡被打破了，所以为了纠正它吧。在工业化时代，强迫个人牺牲和高强度劳动俨然是一个现实，而两者平衡也许是对这一现实的自我净化吧……工作与生活的平衡，归根结底是在问你是否过得幸福。我认为在工作和个人生活中都能感受到幸福是很重要的。如果工作不好玩，就让我们用个人生活来平衡一下吧，这果真是打工人的人生吗？所以，在工作中获得乐趣非常重要。要做到这一点，你必须做自己喜欢做的事。而从一个人的整个人生来看，有以学习为中心的时间、有以朋友为中心的时间、有以工作为中心的时间、有以家庭为中心的时间、有以健康为中心的时间……也就是说，你会有某些工作在你的人生道路上变得重要的时刻。所以，我希望不要站在今天这个角度分配时间，而是要从人生长期均衡这一层面看待。尤其现在是"数字游牧时代"，远程办公的形式在世界范围内蔓延。不能再像过去那样，将工作和个人生活分开，共同创造和谐似乎更重要。在工作和个人生活中保护自己，提高幸福指数是最重要的事情。

6. 没有美国大学或研究生学位，是否可以加入谷歌总部？

是的，这是可以的，有很多真实的例子。我收到过很多类似的问题。"某某有可能吗？"当我被问及这样的事情是否可能时，我会反问对方："如果不可能，你就不做了吗？"某事是否可能并不重要，只要去做就对了。无论是否可能，你都必须尝试才能知道。某人可以并不意味着你也可以。同样地，某人不能并不意味着你也不能。所以当这样的问题出现在自己的脑海中时，你必须问自己："我是否正在寻找一个理由来使自己正当化？"不要衡量是否可以，你要认为正在做自己能够做的，并予以实施。

7. 在踏上新的职业道路时最害怕什么，以及克服它的力量是什么？

"不行就算了"精神。不要一开始就想成为最好的、成功的，或者有赚大钱的想法。通常，当某种情况出现时，我就接受它；当有趣的事情发生时，我就去做。我认为，与其为没有做而后悔，不如先做再说，所以我尽可能地一有机会就去做。我对自己的生活能力很有信心，所以我倾向于认为自己可以做任何事情来谋生。当你认为自己可能会失去一些东西时，会感觉很可怕；但当你认为失去也无所谓时，它就没有那么可怕了。就我而言，我现在在某种程度上也算有一定的生活阅历了，所以才会这么想，但实际上，在20多岁或30多岁时，我也觉得害怕。那个时期正是了解自己擅长什么，能够承受什么程度的时期。即便如此，我还是想建议大家去挑战。只有进行各种尝试，才能了解自己，才能积蓄守护自己的力量。

8. 在工作中遇到的最大挫折是什么，您是如何克服的？

当然是英语了。在我前段时间读的一本书中，我看到过"（知识+技能）×沟通=能力"的公式。也就是说，无论你有多少专业知识、你的技能有多好，如果你不能传达给别人，这些都是没有用的。这让我感到沮丧，几乎每天都用头撞墙。关于英语，我想除了调整心态和坚持努力之外，没有其他答案了。英语不是我的母语，所以有一定的局限性，我会调整心态，以免太专注于其本身。因为英语不是唯一的交流语言，而且工作需要各种技能，所以我应专注于自己的优势，并努力让它们脱颖而出。

9. 当您回顾过去的职业生涯时，是否有"要是做了这个或知道这点就好了"或"要是没做就好了"的想法？

我很少回想过去。我倾向于及时整理自己的想法，尽量去做自己想做、自己能做的事情。我试图忘记已经发生的事情并专注于下一件事情，所以我没有太大的遗憾。但是，如果在生活中无意中伤害了别人，我肯定会后悔的。因为遗憾对事情的解决没有任何意义，因为想做得更好，一时未能控制自己的情绪而吐出的话最终还是回到了自己身上。时间越长，我就越意识到人际关系在我的职业生涯中的重要性。如果回到30岁前，我想我会结交更多对我来说很珍贵的朋友。

10. 您为什么会坚持写作？

我一直在写作，也随时在写作。我从中学开始就一直记日记，也许那时谁都需要一个地方来倾诉自己的愤怒吧。日记主要是和自己对话，我想这是将自己客观化的一种训练。27岁结婚后，我来到了美国，那时我坚持写博客，通过博客告诉韩国的家人和朋友们我的近况。现在读当时写的文字时，我想起了20多岁和30多岁的自己，就像在看电影一样。写作是我整理思绪、认识自己，以及与他人交流的一种方式。如果不写作，思绪就会混乱。当我感到抑郁或心情不好时，我会发现自己近期没有写作。那时，我就会赶紧写点儿什么，然后试着对自己坦诚。我必须不断遇见最原始的我，只有这样才能爱真实的我。

人啊,认识你自己!